Laser in der Materialbearbeitung
Forschungsberichte des IFSW

D. Förster
Energieeinkopplung und Energieumwandlungsprozesse bei der Bearbeitung von Metallen mit ultrakurzen Laserpulsen

Laser in der Materialbearbeitung
Forschungsberichte des IFSW

Herausgegeben von
Prof. Dr. phil. nat. Thomas Graf, Universität Stuttgart
Institut für Strahlwerkzeuge (IFSW)

Das Strahlwerkzeug Laser gewinnt zunehmende Bedeutung für die industrielle Fertigung. Einhergehend mit seiner Akzeptanz und Verbreitung wachsen die Anforderungen bezüglich Effizienz und Qualität an die Geräte selbst wie auch an die Bearbeitungsprozesse. Gleichzeitig werden immer neue Anwendungsfelder erschlossen. In diesem Zusammenhang auftretende wissenschaftliche und technische Problemstellungen können nur in partnerschaftlicher Zusammenarbeit zwischen Industrie und Forschungsinstituten bewältigt werden.

Das 1986 gegründete Institut für Strahlwerkzeuge der Universität Stuttgart (IFSW) beschäftigt sich unter verschiedenen Aspekten und in vielfältiger Form mit dem Laser als einem Werkzeug. Wesentliche Schwerpunkte bilden die Weiterentwicklung von Strahlquellen, optischen Elementen zur Strahlführung und Strahlformung, Komponenten zur Prozessdurchführung und die Optimierung der Bearbeitungsverfahren. Die Arbeiten umfassen den Bereich von physikalischen Grundlagen über anwendungsorientierte Aufgabenstellungen bis hin zu praxisnaher Auftragsforschung.

Die Buchreihe „Laser in der Materialbearbeitung – Forschungsberichte des IFSW" soll einen in der Industrie wie in Forschungsinstituten tätigen Interessentenkreis über abgeschlossene Forschungsarbeiten, Themenschwerpunkte und Dissertationen informieren. Studenten soll die Möglichkeit der Wissensvertiefung gegeben werden.

Energieeinkopplung und Energieumwandlungsprozesse bei der Bearbeitung von Metallen mit ultrakurzen Laserpulsen

von Dr.-Ing. Daniel Förster
Universität Stuttgart

utzverlag München

Als Dissertation genehmigt
von der Graduate School of Excellence advanced Manufacturing Engineering
der Universität Stuttgart

Hauptberichter: Prof. Dr. phil. nat. Thomas Graf
Mitberichter: Prof. Dr. Ing. Manfred Berroth

Bibliografische Information der Deutschen Nationalbibliothek
Die Deutsche Nationalbibliothek verzeichnet diese Publikation
in der Deutschen Nationalbibliografie; detaillierte bibliografische
Daten sind im Internet über http://dnb.ddb.de abrufbar.

Zugleich: Dissertation, Stuttgart, Univ., 2023

D 93

ISBN Print 978-3-8316-5009-5
ISBN E-book 978-3-8316-7744-3

Printed in Germany

utzverlag GmbH, München
Tel.: 089-277791-00 · www.utzverlag.de

Inhalt

Symbole und Abkürzungen

Lateinische Buchstaben

Symbol	Bedeutung	SI-Einheit
a	Krümmung der Normalparabel	
A	Absorptionsgrad	
A_{k,t_i}	Absorptionsanteil der k-ten Zelle zum Zeitpunkt t_i	
A_1	Fitparameter	
b	Hilfsgröße	
c_1	Konstante im elektronischen Anteil der Stoßfrequenz	K^{-1}
D	Diffusivität	$m^2\ s^{-1}$
d_{abl}	Abtragsdurchmesser	m
e	Ladung des Elektrons	C
E_A	Absorbierte Energie	J
E_{in}	Eingestrahlte Laserenergie	J
E_L	Laserenergie	J
E_P	Energie eines Laserpulses	J
E_{proc}	Prozessenergie	J
E_{res}	Im Bauteil verbleibende Energie (Residuale Energie)	J
f_{rep}	Pulswiederholrate des Lasers	s^{-1}
$g(r,N)$	Funktion der Reflexionsgeraden g	
V_{en}	Energiespezifisches Volumen	$m^3\ J^{-1}$
$V_{en,N}$	Energiespezifisches Volumen für Pulsanzahl N	$m^3\ J^{-1}$
I	Intensität	$W\ m^{-2}$
I_{loc}	Lokal herrschende Intensität	$W\ m^{-2}$
I_0	Peakintensität	$W\ m^{-2}$
k	Imaginärteil des Brechungsindex	
m_e	Masse des Elektrons	kg

Symbol	**Bedeutung**	**SI-Einheit**
m_{eff}	Effektive Masse des Elektrons	kg
m_i	Masse des i-ten Materials	kg
N	Anzahl	
N_B	Anzahl an Bohrlöchern	
n	Realteil des Brechungsindex	
n_e	Elektronendichte	$kg\ m^{-3}$
N_{deep}	Kritische Pulsanzahl mit Übergang zum Tiefbohrprozess	
N_{mult}	Pulsanzahl beim Auftreten von multiplen Reflexionen	
N_P	Pulsanzahl	
P_B	Brennpunkt einer Parabel	
P_P	Punkt auf einer Parabel	
P_2	Punkt des zweiten Auftreffens	
R	Reflexionsgrad	
r	Ortskoordinate	m
r_B	r-Koordinate des Brennpunktes einer Parabel	m
r_P	r-Koordinate eines Punktes auf einer Parabel	m
r_2	r-Koordinate des Punkts des zweiten Auftreffen	
t	Zeit	s
t_B	Zeitdauer der Bestrahlung aus kalorimetrischer Messung	s
t_{Laser}	Gesamte Zeitdauer der Bestrahlung	s
t_{Loch}	Zeitdauer der Bestrahlung eines Ortes bzw. Bohrlochs	s
t_0	Zeitpunkt des Abklingens in der kalorimetrischen Messung	s
T_e	Elektronentemperatur	K
T_i	Temperatur des Atomgitters	K
$T(t)$	Zeitlicher Temperaturverlauf	K
v	Geschwindigkeit	$m\ s^{-1}$
w_0	Fokusradius	m
z_{abl}	Abtragstiefe	m
$z_{abl}(N_P)$	Abtragstiefe als Funktion der Pulsanzahl N_P	m

Symbol	**Bedeutung**	**SI-Einheit**
z_B	z-Koordinate des Brennpunktes einer Parabel	m
z_P	z-Koordinate eines Punktes auf einer Parabel	m
z_2	z-Koordinate des Punkts des zweiten Auftreffens	m
$z(r)$	Tiefe als Funktion der Ortskoordinate r	m
$z(r, N)$	Tiefe als Funktion von r und N	m

Griechische Buchstaben

Symbol	Bedeutung	SI-Einheit
ΔT	Temperaturerhöhung	K
ΔV	Abgetragenes Volumen	m^{-3}
ε	Dielektrische Funktion	
ε_{bb}	Intraband-Anteil der dielektrischen Funktion	
ε_0	Dielektrische Feldkonstante	
ε_1	Realteil der dielektrischen Funktion	
ε_2	Imaginärteil der dielektrischen Funktion	
η_{abs}	Einkoppelgrad	
η_{res}	Residuumswärmekoeffizient	
Φ	Fluenz	$J\,m^{-2}$
Φ_{abs}	Absorbierte Fluenz	$J\,m^{-2}$
$\Phi(N_P)$	Verfügbare Fluenz beim N_P-ten Puls	$J\,m^{-2}$
$\Phi(r)$	Räumliche Verteilung der Fluenz	$J\,m^{-2}$
Φ_{th}	Ablationsschwelle bzw. Schwellfluenz	$J\,m^{-2}$
Φ_0	Peakfluenz	$J\,m^{-2}$
γ	Fitparameter	
λ	Wellenlänge	m
λ_{Probe}	Wellenlänge des Probe-Pulses	m
λ_{Pump}	Wellenlänge des Pump-Pulses	m
ν	Kollisionsfrequenz	s^{-1}
ν_{ion}	Anteil des Ionengitters an der Kollisionsfrequenz	s^{-1}
$\nu_{electron}$	Anteil des Elektronensystems an der Kollisionsfrequenz	s^{-1}
ω_L	Laserfrequenz	s^{-1}
ω_p	Plasmafrequenz	s^{-1}
ρ	Dichte	$kg\,m^{-3}$
τ	Mittlere Stoßzeit der Elektronen	s
τ_{ei}	Elektron-Phonon Relaxationszeit	s

Kurzfassung

Der Bearbeitung von Metallen mit ultrakurz gepulster Laserstrahlung kommt in der industriellen Fertigung eine immer größere Bedeutung zu. Gegenstand dieser Arbeit sind theoretische, numerische und experimentelle Untersuchungen zu verschiedenen Fertigungsverfahren im Rahmen der Metallbearbeitung.
Schwerpunkte liegen auf der Absorption von Strahlung und auf Energieumwandlungsprozessen während eines einzelnen Pulses sowie zwischen aufeinanderfolgenden Pulsen. Ein Aspekt ist dabei die Bearbeitung von Metallen mit Burstpulsen, die innerhalb von wenigen bis einigen zehn Nanosekunden aufeinanderfolgen. Weiterhin werden die Energieeinkopplung und -umwandlung während des Perkussionsbohrprozesses betrachtet, wobei die Pulsabstände zwischen konsekutiven Pulsen im Bereich von wenigen bis einigen 100 Millisekunden reichen. Dies entspricht Pulswiederholraten von einigen 100 bis wenigen Kilohertz.

Während der Bestrahlung einer Metalloberfläche mit einem einzelnen Laserpuls finden zahlreiche mikroskopische Prozesse der Energieeinkopplung und -umwandlung sowie Phasenübergänge des Materials statt. Dabei kommt dem Verständnis der Einkopplung von Strahlung zur Erweiterung von Prozessgrenzen eine zentrale Bedeutung zu.
Allerdings ist es erst in jüngerer Vergangenheit gelungen, zeitaufgelöste Messungen des Absorptionsgrades und des komplexen Brechungsindex während der Wechselwirkung mit einem ultrakurzen Laserpuls und innerhalb von einigen zehn Pikosekunden danach durchzuführen. Um die bei der Energieeinkopplung und dem Materialabtrag involvierten physikalischen Prozesse detailliert untersuchen zu können, wurde im Rahmen dieser Arbeit ein hydrodynamischer Code verwendet und zum Abgleich der numerischen und experimentellen Ergebnissen erweitert. Die Einflüsse des Laserpulses auf die zeitlichen Verläufe der Elektronen- und Gittertemperatur des Materials wurden detailliert untersucht und die Auswirkungen auf die zeitlichen Verläufe der optischen Brechungsindizes sowie des Reflexionsgrades abgeleitet. Eine wichtige Erkenntnis aus den Untersuchungen ist die Tatsache, dass der Reflexionsgrad mit steigender eingestrahlter Pulsenergie abfällt und damit die während eines Laserpulses eingekoppelte Energie ansteigt.

Zur Erhöhung des Durchsatzes in der Materialbearbeitung wurden in den letzten Jahren Ultrakurzpulslaser mit hohen mittleren Ausgangsleistungen von bis zu 10 kW entwickelt. Industriell verfügbare Laser bieten bereits Pulsenergien von wenigen Millijoule.

Die verfügbare Energie pro Puls ist häufig um ein Vielfaches höher als die Energie, die für einen einzelnen Abtragsprozess benötigt wird. Ein Ansatz zur Nutzung der verfügbaren Energie ist die Nutzung von Pulszügen, sogenannten Bursts. Dabei wird die Pulsenergie auf mehrere eng aufeinanderfolgende Pulse aufgeteilt, von denen jeder eine ausreichend hohe Energie für den Abtragsprozess aufweist. Im Rahmen dieser Arbeit wurde die Wechselwirkung von Kupfer mit Bursts bestehend aus zwei (Doppelpuls) und drei (Tripelpuls) Pulsen mit Zeitabständen zwischen den Pulsen von 12 Nanosekunden mithilfe von Schattenfotografie untersucht. Es zeigte sich, dass bei der Nutzung eines Doppelpulses der zweite Puls von der Ablationswolke, die durch den ersten Puls erzeugt wurde, abgeschirmt werden kann. Je nach eingestrahlter Fluenz wird nicht nur der zweite Puls abgeschirmt und trägt damit nicht zum weiteren Materialabtrag bei, sondern es kann sogar zu einer Redeponierung des vom ersten Puls abgetragenen Materials kommen. Infolgedessen kann das abgetragene Volumen eines Doppelpulses geringer sein als das nur durch den ersten Puls abgetragene Volumen.

Das Präzisionsbohren von Metallen mit ultrakurzen Laserpulsen ist ein etablierter Prozess in der industriellen Fertigung. Es gibt verschiedene Bohrverfahren, die sich in ihrer Komplexität hinsichtlich der Strahlbewegung unterscheiden. Gegenstand dieser Arbeit ist das Perkussionsbohren als einfachstes Verfahren ohne Strahlbewegung. Die Bohrgeometrie ist dabei weitestgehend durch den Durchmesser des Laserstrahls auf der Werkstückoberfläche und die verwendete Pulsenergie definiert. Im Rahmen dieser Arbeit wurden sowohl theoretische Modelle hergeleitet als auch experimentelle Untersuchungen durchgeführt, um Prozessverständnis und Prozessfenster beim Perkussionsbohrprozess zu erweitern.

Zum Einen wurden Modelle, die den Übergang zum Tiefbohrprozess und die erreichbare Bohrtiefe beschreiben, theoretisch hergeleitet und experimentell verifziert. Mithilfe dieser Modelle ist es möglich, Prozessfenster für das Perkussionsbohren zu definieren. Bei der Einhaltung der abgeleiteten Prozessfenster ist es möglich, ein 10 mm tiefes Bohrloch in Edelstahl einzubringen.

Zum Anderen wurden Messungen der im Bauteil verbleibenden thermische Energie (Residuumswärme) durchgeführt. Dieser wichtige Parameter ist ebenfalls für die Definition von Prozessfenstern unverzichtbar und wurde in Abhängigkeit von verschiedenen experimentellen Parametern gemessen. Es zeigte sich, dass die Residuumswärme im Bohrloch mit steigender Tiefe ansteigt und Pulswiederholraten von wenigen 10 kHz für das Tiefbohren von Metallen geeignet sind. Höhere Pulswiederholraten gehen mit der Erzeugung von zu viel Schmelze einher, was die Qualität von Laserbohrungen stark vermindert.

Extended Abstract

The processing of metals with ultrafast lasers is becoming increasingly important in industrial manufacturing. The scope of this work includes theoretical, numerical and experimental investigations of different metal machining processes. Emphasis is put on the absorption of radiation as well as energy conversion processes during a single pulse and between successive pulses. One aspect is the processing of metals with burst pulses which succeed each other within a few to several tens of nanoseconds. Furthermore, the energy coupling and conversion during the percussion drilling process are considered, with pulse intervals between consecutive pulses ranging from a few to several 100 ms. This corresponds to pulse repetition rates of several 100 kHz to a few kHz.

During the irradiation of a metal surface with a single laser pulse, numerous microscopic processes of energy coupling and conversion as well as phase transitions of the material take place. Understanding the coupling of radiation to extend process boundaries is of crucial relevance.
However, only recently it has been possible to perform time-resolved measurements of the absorptivity and refractive index during an ultrashort pulse as well as within a few 10 ps thereafter. In principle, the magnitude and temporal dynamics of the measured signals allow conclusions to be drawn about the physical processes occurring on this time scale. In order to investigate in detail the physical processes involved in energy coupling and material removal, a hydrodynamic code was used in this thesis and extended for the comparison of numerical and experimental results. The influences of the laser pulse on the temporal evolution of the electron and lattice temperatures of the material were studied in detail, and the effects on the temporal evolution of the optical refractive indices as well as the reflectivity were derived. An important finding from the investigations is the fact that the reflectivity decreases with increasing irradiated pulse energy and thus the energy that is coupled in during a laser pulse increases.

To increase throughput in materials processing, ultrashort pulse lasers with high average output powers of up to 10 kW have been developed in the last few years. Industrially available lasers already offer pulse energies of a few millijoules. The available energy per pulse is often many times higher than the energy required for a single ablation process. One approach to use the available energy is the use of pulse trains, so-called bursts. In this case, the pulse energy is divided into several closely successive pulses, each of which has a sufficiently high energy for the ablation process. In this work, the laser-matter-interaction of copper with bursts consisting of two (double pulse) and three (triple pulse) pulses with time intervals between the pulses of 12 ns was investigated using optical shadowgraphy. It was found that when a double pulse is used, the second pulse can be shielded by the ablation cloud created by the first pulse. Depending on the incident fluence, the second pulse is not simply shielded (and does not contribute to further material ablation), but even a re-deposition of the material ablated by the first pulse takes place. As a result, the volume removed by a double pulse may be less than the volume removed solely by the first pulse.

Precision drilling of metals with ultrashort laser pulses is an established process in industrial manufacturing. There are various drilling methods, differing in their complexity with regard to beam motion. The subject of this work is percussion drilling as the simplest process without beam motion. The drilling geometry is largely defined by the diameter of the laser beam on the workpiece surface. Within the scope of this work, theoretical models were derived as well as experimental investigations were carried out in order to extend the process understanding and process window in the percussion drilling process. On the one hand, models describing the changeover to the deep drilling process and the achievable drilling depth were derived theoretically and verified experimentally. With the help of these models, it is possible to define process windows for percussion drilling. When the derived process windows are adhered to, it is possible to drill a 10 mm deep hole in stainless steel.

On the other hand, measurements of the thermal energy remaining in the workpiece (residual heat) were carried out. This important parameter is also essential for the definition of process windows and was measured as a function of various experimental parameters. It was found that the residual heat within the borehole increases with increasing depth and pulse repetition rates of a few 10 kHz are suitable for deep drilling of metals. Higher pulse repetition rates are associated with the generation of too much melt, which greatly reduces the quality of laser drilled holes.

1 Einleitung

Der Laser ist als Werkzeug eine etablierte Technologie in der industriellen Fertigung. Im Jahre 2017 betrug der Wert des globalen Photonik-Marktes schätzungsweise 724 Milliarden Euro bei einem jährlichen Wachstum des Marktes von 6 % in den Jahren 2012 bis 2017 [1]. Die Vergrößerung des Marktes der Laserstrahlquellen schlägt sich im selben Zeitraum in einem Wachstum von 8 % nieder [1]. Schätzungen gingen von einem Wachstum des globalen Photonik-Marktes von etwa 5,7 % pro Jahr in den Jahren 2017 bis 2021 aus [2]. Aufgrund der Corona-Pandemie wurde dieser Wert 2020 nicht erreicht. Während für 2020 ein Einbruch von -2 bis -3 % des globalen Photonik-Marktes geschätzt wurde, wird für die Jahre 2021 bis 2025 erneut ein jährliches Wachstum von 6 % erwartet [3].

Mit diesem Wachstum geht eine stetige Weiterentwicklung von Strahlquellen sowie Optiken und damit die Erweiterung der Palette an realisierbaren industriellen Verfahren einher. Auf der einen Seite findet sich eine große Vielfalt an umsetzbaren technischen Prozessen, während auf der anderen Seite prinzipiell lediglich zwei Arten von physikalischen Prozessen zur Anwendung kommen. Diese finden sich bereits in älterer Science-Fiction Literatur, die vor der Erfindung des Lasers veröffentlich wurde. Sie lassen sich einteilen in Materie aufheizende Strahlung ("Heat rays" [4–6] oder "Thermostrahler" [7]) und in Strahlung, die Materie auf molekularer Ebene auflöst ("Desintegratoren" [8–11]).

In der Lasermaterialbearbeitung wird diese grobe Einteilung einerseits durch die Nutzung von Dauerstrich-Lasern abgebildet, deren kontinuierliche Leistungsabgabe thermische Prozesse wie das Laserschneiden, das Laserschweißen und weitere Verfahren wie das Laserhärten oder das selektive Laserschmelzen (3D-Druck) ermöglichen. Andererseits erlauben ultrakurz gepulste Lasersysteme das direkte Sublimieren, Verdampfen und die Ablation von Material durch Abriß von dünnen Schichten im Bereich von wenigen Atomlagen. Diese Lasersysteme werden für präzises Strukturieren von Oberflächen (2,5 D-Bearbeitung), das Präzisionsschneiden oder das Mikrobohren genutzt.
Zwischen diesen beiden Extremen gibt es auch eine Vielzahl an weiteren Anwendungen. Gepulste Laser mit Pulsdauern im Mikro- und Nanosekundenbereich werden für die gezielte Einbringung von Laserenergie beim Mikrobohren oder auch anderen Prozessen wie der Laserstrahlverfestigung verwendet.

Der inhaltliche Schwerpunkt dieser Arbeit liegt auf der Einkopplung und Umwandlung von eingestrahlter Energie während der Bearbeitung von Metallen mit desintegrierender, ultrakurz gepulster Laserstrahlung. Gegenstand dieser Arbeit sind drei Bereiche:

1. Die zeitabhängige Einkopplung von Strahlung an Metalloberflächen auf der ultrakurzen Zeitskala im Bereich der Pulsdauer,
2. die zeitaufgelöste Beschreibung der Interaktion von ultrakurzen Einzel-, Doppel- und Tripelpulsen mit Metalloberflächen und
3. die Herleitung eines analytischen Modells zur Vorhersage der erreichbaren Bohrtiefe sowie Untersuchungen zur Energieeinbringung während des Mikrobohrens von Edelstahl.

Zunächst werden in Kapitel 2 Begrifflichkeiten und Definitionen eingeführt und aus dem Stand der Technik die Forschungsfragen der drei Themenbereiche abgeleitet.

In Kapitel 3 wird die zeitaufgelöste Einkopplung von Energie während eines einzelnen Laserpulses in Aluminium untersucht. Dazu wurde ein bestehender hydrodynamischer Code zur Simulation der Laser-Materie Wechselwirkung mit moderneren physikalischen Modellen erweitert. Dies ermöglichte eine genaue Beschreibung der dielektrischen Funktion, welche die Absorption des Materials als Funktion der Zeit beschreibt. Es werden verschiedene physikalische Einflüsse auf den zeitlichen Verlauf des Absorptionsgrades detailliert beschrieben und das Prozessverständnis auf ultrakurzen Zeitskalen erweitert.

In Kapitel 4 werden mithilfe von Schattenfotografie durchgeführte Untersuchungen beschrieben, welche die Interaktion von ultrakurzen Einzel-, Doppel- und Tripelpulsen mit einer Metalloberfläche zum Gegenstand haben. Wird Kupfer mit einem Doppelpuls bestrahlt, kann der zweite Puls Material, welches vom ersten Puls abgetragen wurde, wieder redeponieren und somit den Abtrag unterdrücken. Diese Erkenntnis trägt wesentlich zum Verständnis des in der Literatur diskutierten Effekts der Minderung des Abtragvolumens bei. Ein dritter Puls kann dann wiederum genutzt werden, um mehr als doppelt so viel Material abzutragen wie mit einem einzelnen Puls. Die auftretenden physikalischen Effekte werden detailliert diskutiert und tragen zum tieferen Prozessverständnis bei der Bearbeitung von Metallen mit ultrakurzen Burst-Pulsen bei.

Der letzte Teil dieser Dissertation ist der technischen Anwendung von ultrakurzen Laserpulsen beim Laserbohren gewidmet. In Kapitel 5 wird zunächst der Beginn des Bohrprozesses mit dem Übergang von der parabelförmigen in die konische Geometrie diskutiert und eine Formel für die Bestimmung des Übergangs in den Tiefbohrprozess hergeleitet. Es folgt die Entwicklung eines einfachen Modells zur Vorhersage von erreichbaren

Bohrlochtiefen bei gegebenen Prozessparametern. Dieses Modell wurde experimentell verifiziert. Weiterhin wird zusätzlich ein vereinfachtes Modell aus der Literatur genutzt um Prozessfenster hinsichtlich der Pulswiederholrate ableiten zu können. Aufbauend auf diesen Erkenntnissen ist es möglich, einen Bohrprozesses auszulegen, der in einem 10 mm tiefen Bohrloch mit einem hohen Aspektverhältnis von etwa 1:25 unter Vermeidung von thermischer Schädigung resultiert. Diese Bohrtiefe bei zugleich nicht messbarer Schädigung des Materials stellt eine signifikante Erweiterung der bisher verfügbaren Prozessgrenzen dar.

In Kapitel 6 wird abschließend die experimentelle Bestimmung von im Material verbleibender thermischer Energie (Residuumswärme) während des Bohrprozesses beschrieben und die Abhängigkeit von verschiedenen Parametern diskutiert. Es zeigte sich, dass die Residuumswärme mit steigender Pulsanzahl signifikant ansteigt. Die Dynamik des Anstiegs ist zum einen abhängig von der eingestrahlten Pulsenergie bzw. Fluenz, zum anderen von der verwendeten Pulswiederholrate.

In Kapitel 7 werden abschließend die Inhalte der Arbeit zusammengefasst und Anknüpfungspunkte für zukünftige Forschung aufgezeigt.

2 Stand der Wissenschaft und Technik

Im folgenden Abschnitt werden zunächst die bei der Materialbearbeitung mit ultrakurzen Laserpulsen auftretenden physikalischen Effekte dargestellt und zusammengefasst. Dies umfasst die Einkopplung von Strahlung, die physikalischen Prozesse, welche zum Abtrag führen, sowie die im Material verbleibende Energie (Residuumswärme).

In den sich anschließenden Abschnitten werden der Stand der Technik der in dieser Arbeit betrachteten Forschungsfelder sowie der jeweilige Forschungsbedarf beschrieben.

2.1 Materialbearbeitung mit ultrakurzen Laserpulsen

Zahlreiche Energieumwandlungsprozesse bilden die Grundlage für die Lasermaterialbearbeitung. Die Energiebilanz eines Laserprozesses ist im Allgemeinen gegeben durch

$$\eta_{abs} \cdot E_L = E_{Proc} + E_{Res} \quad . \tag{2.1}$$

Dabei entspricht

- η_{abs} dem Einkoppelgrad,
- E_L der eingestrahlten Laserenergie,
- E_{Proc} der für einen physikalischen Prozess zur Verfügung stehenden Energie (Prozessenergie),
- E_{Res} der im Material verbleibenden thermischen Energie (Residuumswärme).

Der Einkoppelgrad η_{abs} bestimmt den Anteil der Laserenergie, der in ein Werkstück eingebracht wird. Dieser entspricht bei einer idealen, glatten Oberfläche dem Absorptionsgrad A für opake, also für die jeweilige Wellenlänge nicht transparente Materialien. Zu diesen gehören im sichtbaren Bereich des Spektrums und auch bei Wellenlängen um 1 µm (nahes Infrarot) insbesondere Metalle. Der Anteil der Energie, der nicht absorbiert wird, wird von der Oberfläche reflektiert. Der Einkoppelgrad η_{abs} ist im Allgemeinen von verschiedenen Faktoren abhängig, insbesondere der Oberflächengeometrie. Prinzipiell wird mit dem Auftreten von geometriebedingten multiplen Reflexionen vom Einkoppelgrad gesprochen. Dieser ist immer größer als der Absorptionsgrad. Dabei können sowohl mikroskopische Änderungen der Geometrie (Rauigkeit und Welligkeit) als auch makroskopische Änderungen der Geometrie (Ausbildung von Bohrlöchern) die Einkopplung von Strahlungsenergie erhöhen.

Die eingekoppelte Energie steht für verschiedene physikalische Prozesse zur Verfügung. Die Prozessenergie E_{Proc} kann für Prozesse wie

- das Aufheizen,
- das Aufschmelzen,
- das Verdampfen und den
- Übergang zum Plasmazustand

genutzt werden [12–14]. Neben dem Verdampfen als physikalischer Prozess, der zu Materialabtrag führt, treten auch weitere Effekte im ultrakurzen Zeitbereich auf [12–16]. Diese umfassen

- den schichtweisen Materialabriss (Spallation),
- die Phasenexplosion und
- die elektrostatische Ablation.

Für jeden dieser Prozesse muss eine materialabhängige Energiedichte, die sogenannte Ablationsschwelle, überschritten werden. In Abhängigkeit von Pulsdauer und absorbierter Energie kommt es zum Auftreten von hohen Zug- und Druckspannungen, die zu Materialabriss (Spallation) führen können [17–19]. Die Phasenexplosion beschreibt das plötzliche Verdampfen von Material (engl. "explosive boiling", [20]). Durch Nutzung von Zustandsgleichungen, kurz EOS (engl. "Equation of state", [21–23]) oder Nutzung der Molekulardynamik (MD) als Simulationsmethode [24–30] können neben den klassischen Phasenzuständen der Materie und dem Übergang von Schmelze zu Gas auch der Materialabriss und die Phasenexplosion beschrieben werden. Letztere wird oftmals auch einfach als schnell stattfindende Verdampfung oder plötzliche Expansion von Gas bzw. Gas-Flüssigkeitsgemisch bezeichnet. Bei der elektrostatischen Ablation wird Material so stark angeregt, dass Elektronen den zugehörigen Atomkernen entrissen werden und es zu elektromagnetischen Wechselwirkungen kommt. Diese umfassen zum Einen die Beschleunigung von Atomkernen durch deren gegenseitige Abstoßung, zum Anderen wechselwirken die entrissenen Elektronen mit den positiv geladenen Kernen, sodass diese durch die gegenseitige Anziehung beschleunigt werden [31]. Auf diese auftretenden Effekte hinsichtlich Materialabriß wird in Kapitel 3 detailliert eingegangen.

Außerdem geht ein Teil der absorbierten Laserenergie in im Werkstück verbleibende thermische Energie E_{Res} über, welche auch als Residuumswärme bezeichnet wird. In

Abhängigkeit von den verwendeten Laserparametern ist diese nicht unbedingt für den Bearbeitungsprozess verloren, sondern kann einen nachfolgenden Abtragprozess begünstigen, indem die Abtragschwelle abgesenkt wird. Ein nachfolgender Puls im Abstand von beispielsweise wenigen Nanosekunden zum vorangehenden Puls muss dann weniger Energie einbringen, um Materialabtrag zu initiieren. Diese mögliche Nutzung der aufgestauten Wärme durch kurz aufeinanderfolgende Pulse wird in Kapitel 4 näher betrachtet. Meistens ist die Residuumswärme im Laserprozess jedoch ein nicht zu vernachlässigender Faktor bei der Einhaltung von Qualitätskriterien wie dem Vermeiden von Schmelze. Wie in Kapitel 5 gezeigt wird, gibt es beim Laserbohrprozess eine kritische Pulswiederholrate, ab der dauerhaft Schmelze auftritt.

Zentrale Größen bei der Beschreibung des Abtragsergebnisses sind die Fluenz $\Phi = E_P/A$, die der Pulsenergie E_P pro bestrahlter Fläche A entspricht, die Ablationsschwelle Φ_{th}, ab der Abtrag stattfindet, sowie die effektive Eindringtiefe der Energie δ, die von verschiedenen Faktoren wie der Pulsdauer und dem dominanten Abtragsprozess (Sublimation, Verdampfung, Spallation, ...) abhängig ist und ein Maß für die Abtragstiefe darstellt. Eine einfache, makroskopische Darstellung der Abtragstiefe z_{abl} in Abhängigkeit von der Fluenz ist gegeben durch [15, 16, 32]

$$z_{abl} = \delta \cdot \ln\left(\frac{\Phi}{\Phi_{th}}\right) \quad . \tag{2.2}$$

Diese Formel entspricht der Lösung eines Exponentialgesetzes zum Energieeintrag in Materie, das auf das Bouguer-Lambert-Beer'sche Gesetz zurückgeht [33–35]. Sie wurde über die Jahrhunderte weiterentwickelt und stellt in der dargestellten Form eine einfache, aber praktikable Approximation der sich einstellenden Abtragstiefe für ultrakurz gepulste Laserbearbeitung nach einem einzelnen Laserpuls dar [15, 16, 32].

2.2 Einkopplung und Umwandlung von Laserenergie während eines einzelnen Pulses

In diesem Abschnitt wird der Übersichtlichkeit halber in stark gekürzter Form die Energieeinkopplung und -umwandlung während eines einzelnen Laserpulses betrachtet. In den nachfolgenden Abschnitten wird detaillierter auf die auftretenden physikalischen Effekte eingegangen.

Trifft ein ultrakurzer Laserpuls mit einer Pulsdauer von 1 ps auf eine Metalloberfläche, tritt dieser in Interaktion mit den freien Elektronen des Materials. Ein Teil der Laser-

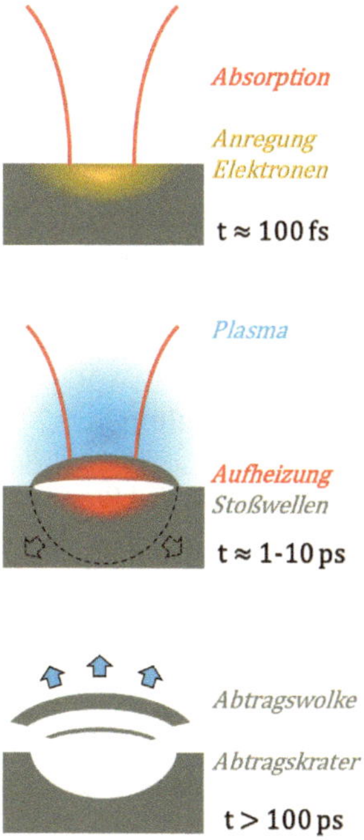

Bild 2.1: Energieeinkopplung und -umwandlung während und nach einem einzelnen ultrakurzen Laserpuls mit involvierten physikalischen Effekten.

energie wird vom Elektronensystem absorbiert, sodass sich die Energie der Elektronen im Bereich der Interaktionszone erhöht (vgl. Bild 2.1 Oben).

Die Energie wird vom Elektronensystem über eine Dauer von einigen Pikosekunden auf das Atomgitter übertragen (Elektron-Phonon Kopplung). In Abhängigkeit von der Pulsdauer, der eingestrahlten Laserenergie und dem bestrahlten Material wechselwirkt der Laserpuls mit erwärmtem und sich ausdehnendem Material sowie Plasma (vgl. Bild 2.1 Mitte). Diese Interaktionen haben direkte Auswirkungen auf die insgesamt absorbierte Energie. Sie werden in den folgenden Abschnitten detaillierter betrachtet, bevor die Forschungsfrage in diesem Forschungsfeld abgeleitet wird.

Da die Übertragung der Energie an das Atomgitter in sehr kurzer Zeit erfolgt, erfährt das Material an der Oberfläche hohe Zug- und Druckspannungen. Dies führt zum Einen zu Stoßwellen, die in das Material propagieren, zum Anderen erfolgt das Abreißen von Material in dünnen Schichten von wenigen 10 Nanometern bis einigen Mikrometern. Das abgetragene Material entfernt sich in Form einer Abtragswolke von der Materialoberfläche und es verbleibt ein parabolischer Krater (vgl. Bild 2.1 Unten). Die Abtragswolke entfernt sich über einen Zeitraum von einigen 100 Nanosekunden bis vielen Mikrosekunden aus dem Bereich der Wechselwirkungszone.

Die Interaktion von Material und Laserstrahlung im ultrakurzen Zeitbereich hat Auswirkungen auf den finalen Abtragsprozess, weshalb der Absorption bzw. Einkopplung von Laserstrahlung in das Werkstück eine zentrale Rolle zukommt.

2.2.1 Einkopplung von Laserstrahlung

Der Absorptionsgrad A bzw. der Reflexionsgrad R sind Funktionen des komplexen Brechungsindex $\bar{n} = n + i \cdot k$, der mit seinen beiden Anteilen n und k die Wechselwirkung von Strahlung und Materie beschreibt. Für plane Oberflächen gilt unter Annahme verschwindender Transmission T=0 [36, 37]

$$A = 1 - R \tag{2.3}$$

$$= 1 - \frac{(n-1)^2 + k^2}{(n+1)^2 + k^2} \quad . \tag{2.4}$$

Der Absorptionsgrad nimmt stets Werte zwischen 0 (keine Einkopplung von Energie) und 1 (Einkopplung der gesamten eingestrahlten Energie) an. Der Realteil n und der Imaginärteil k des komplexen Brechungsindex $\bar{n}$ beschreiben makroskopisch die Wechselwirkung von Strahlung und Materie und sind Funktionen der dielektrischen Funktion $\varepsilon = \varepsilon_1 + i \cdot \varepsilon_2$, die diese Wechselwirkung mikroskopisch beschreibt. Es gilt [36, 37]

$$\bar{n} = \sqrt{\varepsilon} = \sqrt{\varepsilon_1 + i \cdot \varepsilon_2} \quad , \tag{2.5}$$

$$n = \sqrt{\frac{1}{2} \cdot \left(\varepsilon_1^2 + \varepsilon_2^2\right) + \varepsilon_1} \quad , \tag{2.6}$$

$$k = \sqrt{\frac{1}{2} \cdot \left(\varepsilon_1^2 + \varepsilon_2^2\right) - \varepsilon_1} \quad . \tag{2.7}$$

Das einfachste Modell zur mikroskopischen Beschreibung der Absorption von Metallen ist das Drude-Modell [38, 39]. Inspiriert von der im 19. Jahrhundert etablierten Gastheorie und der elektrischen Leitung durch Elektronen in Elektrolyten (im Sinne einer Flüssigkeit) nahm Drude ein freies Elektronengas an, dass alle Elektronen eines Metalls enthält. Diese wechselwirken nur duch Stöße mit den schweren Atomkernen innerhalb des Metalls. Die dielektrische Funktion nach dem Drude-Modell entspricht [36,37]

$$\varepsilon(\omega_L) = 1 + \frac{\omega_p^2}{\omega_L^2 - i \cdot \nu \cdot \omega_L} \quad , \tag{2.8}$$

wobei ν der effektiven Stoßfrequenz, ω_L der Frequenz der Laserstrahlung und ω_p der Plasmafrequenz entspricht. Bei Anregung mit elektromagnetischen Wellen unterhalb der kritischen Frequenz ω_p können die Elektronen dieser Anregung folgen und es kommt zu Reflexion und Absorption von Strahlung. Oberhalb der kritischen Frequenz reduziert sich die Wechselwirkung drastisch, sodass der Absorptionsgrad ebenfalls kleiner wird. Im Ortsraum beginnt dieser Bereich bei ultraviolettem Licht (Wellenlänge λ kleiner 300 nm), sodass insbesondere für Röntgenstrahlung Metalle praktisch transparent sind. Im Rahmen dieser Arbeit werden Prozesse mit Strahlung im Bereich von 400 nm bis 1030 nm betrachtet. Dies entspricht dann Laserfrequenzen ω_L von $7,5 \cdot 10^{14}$ Hz bis $2,9 \cdot 10^{14}$ Hz.

Die effektive Stoßfrequenz ν in Gleichung 2.8 ist ein Dämpfungsparameter, der auch über die mittlere Stoßzeit der Elektronen τ mit

$$\tau = \frac{1}{\nu} \tag{2.9}$$

dargestellt werden kann [37]. Diese liegt für Metalle bei einer Temperatur von 300 K in der Größenordnung von 10 Femtosekunden (Aluminium 12 fs, Kupfer 36 fs) [40]. Grundsätzlich ist die Frequenz ν stark abhängig von der Elektronen- und Gittertemperatur, sodass die Beschreibung der Anregung von Materie mit ultrakurzen Laserpulsen eine genaue Kenntnis dieser Funktion erfordert.

2.2.2 Zeitaufgelöste Einkopplung von Laserenergie

Die Absorption von Strahlung wird im Folgenden für Aluminium zeitaufgelöst betrachtet. Mit Erhöhung von Elektronen- und Gittertemperatur steigt die Frequenz ν an. Dies ist eine Konsequenz aus dem erhöhten Auftreten von Elektron-Elektron-Stößen und Elektron-Phonon-Stößen [41,42]. Damit vergrößert sich der Imaginärteil k der dielektrischen Funktion (Gl. 2.7), was wiederum in einem Anstieg des Absorptionsgrades A resultiert. Hinweise auf dieses Phänomen des sinkenden Reflexionsgrades im ultrakurzen Zeitbereich gab es spätestens seit Mitte der 1990er Jahre, als Price et al. mit Ulbrichtkugeln und Energiemessgeräten die über den kompletten Abtragsprozess integrierten

Größen an reflektierter und gestreuter Strahlung maßen und daraus den Absorptionsgrad ableiteten [43]. Widmann et al. zeigten 2001 schließlich die Dynamik der Reflexionsänderung im ultrakurzen Zeitbereich [44]. Die Modellentwicklung auf Basis der hydrodynamischen Modelle begann in den 1990er Jahren.

Beispielhaft zeigen die Kurven in Bild 2.2 das Sinken des Reflexionsgrades als Funktion der Zeit während und nach dem Auftreffen eines Laserpulses nach einem Modell von Povarnitsyn et al. [42], wobei die experimentellen Daten aus Messungen von Widmann et al. [44] stammen. Die blauen Kurven und Messpunkte beziehen sich auf den zeitlichen Verlauf des Reflexionsgrades von senkrecht polarisierter Strahlung, die roten Kurven und Messpunkte auf parallel polarisierte Strahlung. In diesem Experiment kam ein Pump-probe Aufbau zum Einsatz, d.h. ein polarisierender Strahlteiler teilte einen Laserstrahl mit 800 nm Wellenlänge in zwei Teilstrahlen auf. Im weiteren Verlauf wurde die Wellenlänge einer der beiden Strahlen auf 400 nm halbiert (Frequenzverdopplung), durch eine Linse fokussiert und zum Abtrag genutzt (Pump-Puls). Der zweite Strahl diente zur Beleuchtung der Prozesszone, wobei dieser Puls zum ersten zeitlich verzögert

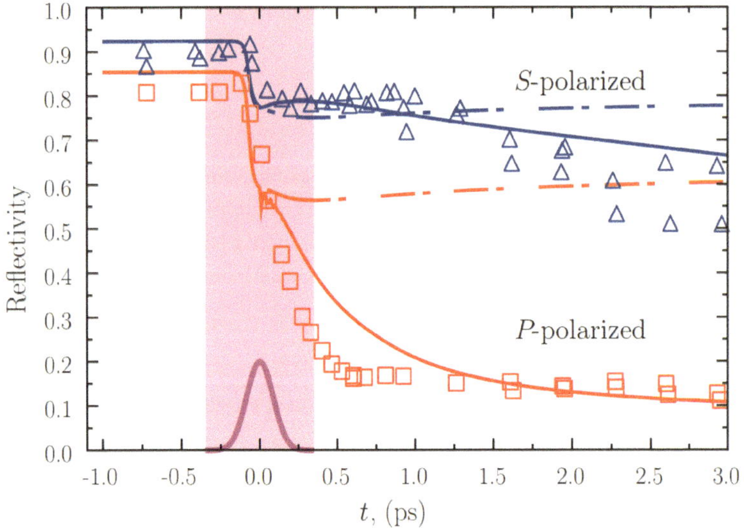

Bild 2.2: Verlauf des Reflexionsgrades von Aluminium bei einer Wellenlänge von 800 nm nach Anregung mit einem Puls bei 400 nm Wellenlänge. Die Pulsdauer des Anregungspulses entspricht 120 fs, die Fluenz hat den Wert 13 J/cm^2, die Intensität beträgt damit etwa 10^{14} W/cm^2. Reprinted from [42] with permission from Elsevier.

wurde (Probe-Puls). Ein sich anschließendes Michelson-Interferometer ermöglichte es, Informationen über die Phase des beleuchtenden Pulses sowie dessen Reflexionsgrad aus den resultierenden Interferogrammen zu erhalten. Der Reflexionsgrad zeigt nach Bild 2.2 für parallele Polarisation einen Abfall von 85 % auf 12 % und für senkrechte Polarisation einen Abfall von 92 % auf 70 % innerhalb der ersten 3 Pikosekunden. Folglich steigt der Absorptionsgrad in diesem Zeitbereich stark an und nähert sich für parallele Polarisation dem Wert von 100 % an.

2.2.3 Forschungsbedarf

Die zur Beschreibung der zeitabhängigen Absorption verwendeten numerischen Modelle wurden seit Beginn der 2000er Jahre erweitert und verschiedene Abhängigkeiten qualitativ untersucht. Dabei gehen die meisten Studien zur Entwicklung von Modellen auf eine einzige zeitaufgelöste Messung des Absorptionsgrades aus dem Jahr 2001 zurück [44], die lediglich für genau eine Parameterkombination, also konstante Pulsenergie bzw. Fluenz und konstante Pulsdauer durchgeführt wurde.

Mit der Entwicklung moderner, automatisierter Messmethoden, welche eine direkte, ellipsometrische Messung der Brechungsindizes n und k erlauben, stehen mittlerweile zeitaufgelöste Messungen dieser Brechungsindizes für große Parameterfelder und verschiedene Materialien zur Verfügung [45]. Eine numerische Beschreibung dieser detaillierten, zeitaufgelösten Messungen für eine Variation der eingestrahlten Fluenz bzw. Intensität kann durch die bisher vorhandenen Modelle nicht geleistet werden. Es besteht somit Forschungsbedarf hinsichtlich der Verfeinerung der numerischen Modelle zur Beschreibung der mikroskopisch auftretenden physikalischen Effekte, um die experimentellen Daten abbilden und die Laser-Materie Wechselwirkung für eine Variation verschiedener Parameter im Experiment korrekt beschreiben und die physikalischen Prozesse auf mikroskopischer Ebene untersuchen zu können.

Im Rahmen dieser Arbeit wurde ein hydrodynamischer Code der Russian Academy of Sciences (RAS) [42, 46] verwendet und zur Beschreibung der oben geschilderten, zeitaufgelösten Brechungsindizes von Rapp et al. [45] erweitert. In Kapitel 3 wird ausführlich auf die mikroskopisch auftretenden Prozesse eingegangen und ihre Einflüsse auf die gemessenen, zeitaufgelösten Brechungsindizes und Absorptionsgrade diskutiert.

2.3 Bearbeitung von Metallen mit Burstpulsen

Die Entwicklung von Ultrakurzpulslasern für die Materialbearbeitung zielt seit jeher auf die Steigerung der mittleren Laserleistung ab, sodass in den letzten Jahren Systeme mit bis zu 10 kW mittlerer Leistung demonstriert wurden. Dies wird entweder mit der Steigerung der Pulswiederholrate [47, 48] oder der Pulsenergie [49–51] erreicht. Industriell verfügbare Strahlquellen liefern heutzutage Pulsenergien von einigen 100 µJ bis wenigen mJ, sodass aufgrund der üblicherweise angewandten starken Fokussierung der Laserstrahlung viel zu hohe Pulsenergien für einen Abtragsprozess mit einzelnen Pulsen zur Verfügung stehen. Ein Ansatz, diese Energie für Abtragsprozesse nutzbar zu machen, besteht darin, diese auf hintereinander folgende Pulse zu verteilen, wobei jeder Puls ausreichend Energie für einen einzelnen Abtragsprozess enthält. Diese Pulszüge werden auch als Bursts bezeichnet. Die im Burst enthaltenen Pulse haben auf industriell verfügbaren Systemen Zeitverzögerungen von einigen 10 ns.

In den letzten beiden Jahrzehnten wurden die Nutzung von Doppelpulsen [53–57] sowie mehreren aufeinanderfolgenden Pulsen in einem Burst [52, 58, 59] beim Abtrag von Metallen intensiv untersucht. Dabei zeigten sich Effekte, die nicht intuitiv zu verstehen sind. Insbesondere kann beim Einsatz eines Doppelpulses weniger Material abgetragen werden als mit nur einem der beiden Pulse. In Bild 2.3 ist die Abtragsrate, also das abgetragene Volumen pro Zeit, als Funktion der Fluenz pro Puls im Burst für Einzel-, Doppel- und Tripelpulse aufgetragen [52]. Die Zeit zwischen den Pulszügen ergab sich aus der verwendeten Pulswiederholrate von 200 kHz zu 5 µs, während die Zeitverzögerung zwischen den Pulsen in einem Burst 12,2 ns betrug. Der Laserstrahl wurde mithilfe eines Galvanometerscanners über das Werkstück bewegt. Bis auf die Nutzung von verschiedenen Pulszügen wurden alle Prozessparameter konstant gehalten. Das abgetragen Volumen wurde durch Vermessung der enstandenen Näpfchen mit einem Weißlichtinterferometer bestimmt.

Wie in Bild 2.3 gezeigt, ist das abgetragene Volumen pro Zeiteinheit (Abtragsrate) bei der Nutzung von Doppelpulsen immer niedriger als bei der Nutzung von Einzelpulsen. Es wird, obwohl beim Doppelpuls bei derselben Fluenz sogar die doppelte Pulsenergie eingebracht wird, etwa halb so viel Volumen wie bei der Nutzung eines Einzelpulses abgetragen. Dies entspricht nicht der intuitiven Erwartung, nach der bei der Einbringung von mehr Energie auch mehr Material abgetragen werden sollte. Für den Einzelpuls ist dies der Fall: So wird für eine Fluenz von 5 J/cm² etwa 0,5 mm³/min an Volumen abgetragen und für eine Fluenz von 10 J/cm² etwa 0,8 mm³/min. Für den Doppelpuls gilt hier, dass für eine Fluenz von 2x 5 J/cm² lediglich 0,2 mm³/min abgetragen wird.

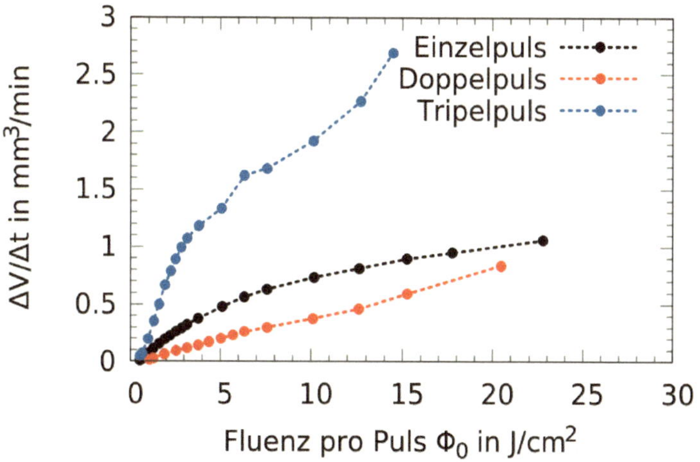

Bild 2.3: Abtragrate als Funktion der eingestrahlten Fluenz für Einzel-, Doppel- und Tripelpulse. Die Fluenz bezeichnet die Fluenz pro Puls, d.h. beim Doppelpuls ist die eingestrahlte Energie für dieselbe Fluenz doppelt so hoch. Material: Kupfer, Pulsdauer: 10 ps, Pulswiederholrate: 200 kHz; Pulsüberlapp: 75 %; zeitliche Intra-Burst Verzögerung: 12,2 ns; Daten aus [52]

In einer Darstellung über das energiespezifische Volumen in Bild 2.4, welches als Funktion der Fluenz pro Puls im Burst aufgetragen ist, wird dies noch deutlicher. Das energiespezifische Volumen ist ein Maß für die Effizienz eines Laserprozesses. Das abgetragene Volumen wird hier auf die gesamte eingestrahlte Burstenergie bezogen. Für hohe Werte wird entsprechend die Laserenergie effizienter für den Abtrag genutzt als für niedrige Werte. Das energiespezifische Volumen für Einzelpulse zeigt ein Optimum bei etwa dem zehnfachen der Schwellfluenz. Dabei wird der größte Anteil an Laserenergie für den Abtrag genutzt. Für Doppelpulse ist das energiespezifische Volumen nahezu konstant und liegt für das Einzelpuls-Optimum mehr als Faktor 3 unter dem Wert für den Einzelpulsabtrag.

Für Tripelpulse ergibt sich erneut ein anderes Bild. Das abgetragene Volumen pro Zeit ist für bestimmte Fluenzen pro Puls im Burst sogar mehr als dreimal so hoch im Vergleich zur Nutzung eines Doppelpulses. Dies wird in Bild 2.4 deutlich. Das energiespezifische Volumen zeigt wieder einen Verlauf mit einem Optimum, welches etwa 18 % höher ist als das bei Verwendung von Einzelpulsen. Hier muss also ein weiterer physikalischer Effekt auftreten, der bei längeren Pulsverzögerungen nicht auftritt. Prinzipiell sollte die Verwendung von drei Pulsen mit Zeitverzögerungen von 12,2 ns zu keinem anderen Er-

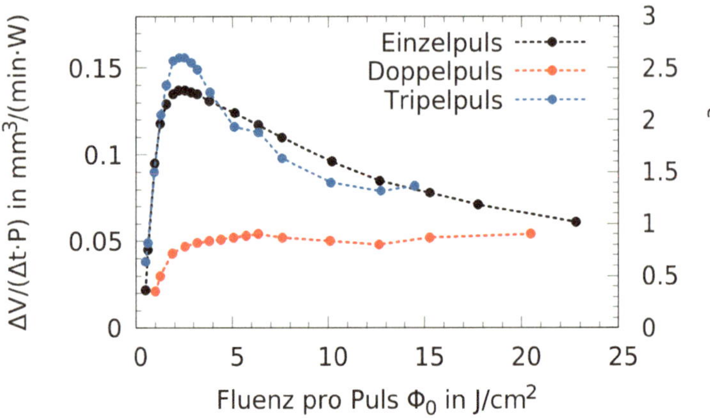

Bild 2.4: Energiespezifisches Volumen als Funktion der eingestrahlten Fluenz für Einzel-, Doppel- und Tripelpulse. Angegeben ist die Fluenz pro Puls, d.h. beim Doppelpuls ist die eingestrahlte Energie für die angegebene Fluenz doppelt so hoch wie beim Einzelpuls. Material: Kupfer, Pulsdauer: 10 ps, Pulswiederholrate: 200 kHz; Pulsüberlapp: 75 %; zeitliche Intra-Burst Verzögerung: 12,2 ns; Daten aus [52]

gebnis führen als bei einer Zeitverzögerung von 5 µs, wie es bei Einzelpulsen (hier mit einer Pulswiederholrate von 200 kHz) der Fall ist. Zusammenfassend ergeben sich folgende Effekte, die bei der Bearbeitung mit Einzel-, Doppel- und Tripelpulsen auftreten:

Einzelpuls: Der Abtrag erfolgt nach dem im vorherigen Kapitel dargestellen logarithmischen Gesetz nach Gleichung 2.2, insbesondere resultiert aus einer erhöhten Einbringung von Energie ein erhöhtes Abtragsvolumen.

Doppelpuls: Das Abtragsvolumen ist bei Zeitverzögerungen im ns-Bereich zwischen den beiden Pulsen gegenüber dem Einzelpulsabtrag vermindert. Dies gilt insbesondere auch dann, wenn die doppelte Pulsenergie im Burst verwendet wird.

Tripelpuls: Das Abtragsvolumen zeigt grundsätzlich einen vergleichbaren Verlauf wie bei der Verwendung von Einzelpulsen. Allerdings ist es in Abhängigkeit von der eingestrahlten Fluenz möglich, mehr Volumen pro eingestrahlter Energie im Vergleich zum Einzelpuls abzutragen.

Dem Verständnis der involvierten physikalischen Prozesse bei der Wechselwirkung von Metallen mit ultrakurzen Bursts kommt eine zentrale Bedeutung zu, weshalb hier Forschungsbedarf besteht.

2.3.1 Forschungsbedarf

Die zuvor beschriebenen Effekte bei der Verwendung von Doppelpulsen sind in Bild 2.5 nochmals skizziert. Der zweite Puls muss mit dem abgetragenen Material des ersten Pulses auf eine Art und Weise interagieren, die zu einem verminderten Abtrag führt, selbst wenn insgesamt mit zwei Pulsen die doppelte Pulsenergie verwendet wird.

Verschiedene Erklärungsansätze wurden bereits in der Literatur diskutiert. Eine Erklärung ist das Auftreten einer stabilen Flüssigkeitsschicht, welche den Materialabtrag, der eigentlich durch den zweiten Puls initiiert würde, unterdrückt [60].
Eine weitere Erklärung ist die Interaktion des zweiten Pulses mit dem vom ersten Puls abgetragenen Material [53, 61]. Zahlreiche numerische Untersuchungen stützen diese These für den Fall, dass die Zeitverzögerung zwischen den Pulsen im Burst wenige 10 ps

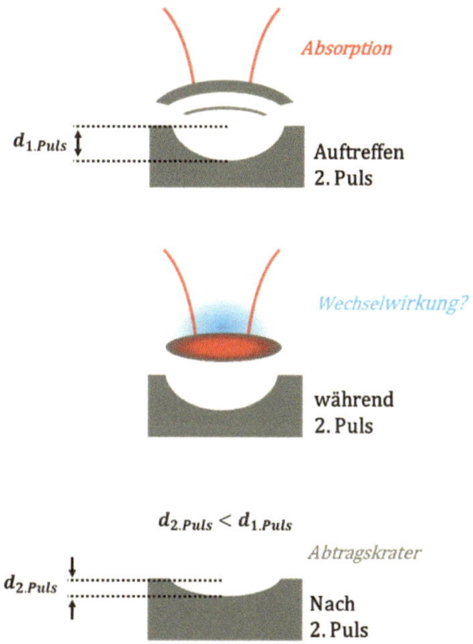

Bild 2.5: Prinzipskizze zur Interaktion eines zweiten, nachfolgenden Pulses mit dem durch einen ersten Puls abgetragenen Materials. Das resultierende abgetragene Volumen ist nach einem Doppelpuls (und entsprechend bei doppelter eingestrahlter Energie) im Vergleich zum durch einen einzelnen Puls abgetragenes Volumen signifikant verringert.

bis einige 100 ps beträgt [28, 55, 56]. Allerdings liegen die Zeitverzögerungen zwischen den Pulsen bei industriell verfügbaren Strahlquellen im Bereich von 12 bis mehreren 10 Nanosekunden und die damit hervorgerufenen Abtragsprozesse sind numerisch derzeit aufgrund der hohen benötigten Datenmengen zur Auflösung der auftretenden Effekte nicht abbildbar.
Hinsichtlich des bei Tripelpulsen auftretenden, erhöhten Materialabtrags sind zudem noch keine Erklärungsansätze vorhanden. Entsprechend werden für Untersuchungen dieser Phänomene andere Methoden benötigt.

Im Rahmen dieser Arbeit wird mithilfe der Methode der Schattenfotografie der Materialabtrag für Einzel-, Doppel- und Tripelpulse für Zeitverzögerungen zwischen aufeinanderfolgenden Pulsen von 12 ns experimentell untersucht. Dies ist in Kapitel 4 beschrieben. Es zeigt sich, dass der zweite Puls bei der Bearbeitung mit einem Doppelpuls von dem Material, welches nach dem ersten Puls abgetragen wurde, abgeschirmt wird und die Abtragswolke durch den zweiten Puls aufgelöst wird. Die nach einem dritten Puls auftretende Materialwolke enthält danach deutlich mehr Material als die nach dem ersten Puls auftretende Wolke.

2.4 Präzisionsbohren von Metallen mit ultrakurzen Laserpulsen

Mit dem Anstieg an zur Verfügung stehender Pulsenergie bei ultrakurz gepulsten Laser-Systemen wurde das Präzisionsbohren von Metallen und Keramiken bereits seit den 1990er Jahren erprobt [15, 16, 62]. Es gibt verschiedene Verfahren, die bei der repetitiven Bearbeitung verwendet werden und sich in ihrer Komplexität hinsichtlich der Strahlbewegung unterscheiden. Im Rahmen dieser Arbeit wird das einfachste Verfahren - der Perkussionsbohrprozess - betrachtet. Obwohl dieser Bohrprozess im Vergleich zu komplexeren Verfahren mit Strahlbewegung wie dem Wendelbohren oder Trepanieren nur durch wenige freie Parameter definiert ist, gibt es nach wie vor Forschungsbedarf hinsichtlich des Prozessverständnisses und der Modellentwicklung.

2.4.1 Perkussionsbohren von Metallen mit ultrakurzen Laserpulsen

Das Perkussionsbohren stellt das einfachste Verfahren bei der repetitiven Bearbeitung dar, da hier der Laserstrahl nicht über das Werkstück bewegt wird und entsprechend wenige freie Parameter in der Einstellung des Bohrprozesses zur Verfügung stehen. Der Laserstrahl wird lediglich auf die Werkstückoberfläche oder in das Werkstück hinein fokussiert (sehr selten auch oberhalb des Werkstücks), sodass die Bohrgeometrie weitestgehend durch den Durchmesser des Laserstrahls auf der Werkstückoberfläche definiert wird. Die wenigen weiteren freien Parameter sind neben der Wellenlänge, der Polarisation und der Pulsdauer die Pulsenergie des Lasers sowie die Pulswiederholrate. Der Perkussionsbohrprozess mit ultrakurzen Laserpulsen lässt sich grundsätzlich in drei Abschnitte einteilen [63]:

1. Bohren mit konstanter Abtragsrate (Tiefenzunahme pro Puls) und damit verbundene zeitlich lineare Zunahme der Bohrtiefe zu Bohrbeginn,
2. Sinken der Abtragsrate mit steigender Bohrtiefe und
3. Bohrabbruch.

Solange keine Effekte wie Plasmazündungen durch zu hohe Intensitäten [64], Multi-Photononen-Absorption wie beispielsweise bei der Bearbeitung von Halbleitern [63] oder Wärmeakkumulation [65] während des Bohrprozesses auftreten, sind zwei Arten an Geometrien,

1. Paraboloide [32, 66–68] sowie
2. konische Bohrlochgeometrien [63, 64, 69, 70]

vorherrschend. Die parabolische Kraterform tritt dabei zu Bohrbeginn auf (vgl. Bild 2.6 Oben), wenn wenige 100 bis 1.000 Pulse appliziert werden. Mit dem Einsetzen von multiplen Reflexionen wird zum Einen der Einkoppelgrad erhöhrt, zum Anderen bildet sich die konische Form aus (vgl. Bild 2.6 Mitte). Treten weitere, teils unerwünschte, teils nicht unterbindbare Effekte wie Plasmazündungen, Multi-Photonen Absorption oder Wärmeakkumulation auf, gibt es zum Bohrabbruch hin auch Abweichungen von der konischen Geometrie. Dann können Ausbuchtungen und Einschlüsse sowie Seitenkanäle, die von der Hauptbohrung aus wegführen, auftreten [63, 64, 70]. Bei Metallen ist hier vor Allem die Ausbildung von Schmelze aufgrund zu hohen Wärmeeintrags ein Problem. Für hohe Pulsanzahlen wird das Bohrloch in erster Linie erwärmt (vgl. Bild 2.6 Unten). Kann die thermische Energie zwischen aufeinanderfolgenden Pulsen nicht schnell genug vom Bohrkanal weg diffundieren, treffen durch Wärmeakkumulation ab einer bestimmten Pulsanzahl Folgepulse immer auf flüssiges Material. Das übermäßige Auftreten von Schmelze ist ein qualitätsmindernder Effekt und beim Laserbohren von Metallen mit ultrakurzen Pulsen zu vermeiden. Der Pulswiederholrate kommt hier eine entscheidende Bedeutung zu. Diese sollte für einen zeiteffizienten Bohrprozess groß sein, um schnelle Bohrprozesse zu ermöglichen. Zugleich ist diese durch das Auftreten von Schmelze so niedrig wie möglich zu wählen, um qualitätsmindernde Effekte zu minimieren.

2.4.2 Forschungsbedarf

Während in der Literatur phänomenologische Beschreibungen des Perkussionsbohrprozesses vorherrschen [63, 64, 70–73], sind hinsichtlich Modellierung des Bohrprozesses und zur Vorhersage von charakteristischen Prozessgrößen wie der erreichbaren Bohrtiefe oder dem Einsetzen des Tiefbohrprozesses kaum Untersuchungen vorhanden. Im Kapitel 5 dieser Arbeit wird zum Einen analytisch der Übergang von der parabolischen zur im Tiefbohrprozess vorherrschenden konischen Kraterform sowie ein Abbruchkriterium für den Tiefbohrprozess hergeleitet. Zum Anderen wurden diese theoretischen Überlegungen experimentell verifiziert und es werden die Implikationen auf die Auslegung von Perkussionsbohrprozessen diskutiert. Abschließend wird gezeigt, dass bei Einhaltung der abgeleiteten Prozessfenster ein 10 mm tiefen Bohrloch in Edelstahl eingebracht werden kann.

Die Literatur zum Perkussionsbohren ist auf Quellen begrenzt, welche Effekte der eingetragenen thermischen Energie während des Bohrprozesses phänomenologisch [74–76] beschreiben oder Prozessfenster unter Zuhilfenahme von Fitparametern ableiten [65,77]. Messungen von Energieumwandlungsprozessen wurden bisher lediglich für den Beginn

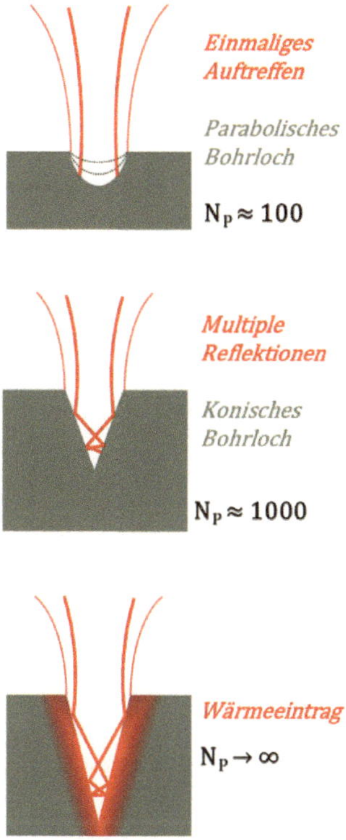

Bild 2.6: Prinzipskizze zum Perkussionsbohren mit ultrakurzen Pulsen.

des Bohrprozesses durchgeführt [78–80], sodass die Residuumswärme, also die im Bauteil verbleibende Energie während des Bohrprozesses, weitgehend unbekannt ist. Die Kenntnis dieses Parameters ist jedoch essenziell für die Ermittlung von Prozessfenstern. Inbesondere kann daraus die für einen Laserbohrprozess zur Vermeidung von übermäßiger Schmelze gerade noch nutzbare mittlere Leistung abgeleitet werden. In Kapitel 6 werden die Ergebnisse aus kalorimetrischen Messungen zur Erfassung dieser wichtigen Größe für verschiedene Prozessparameter dargestellt und Prozessfenster für Perkussionsbohrprozesse hinsichtlich der verwendbaren mittleren Laserleistung abgeleitet.

2.5 Gliederung der Arbeit

Alle dargestellten Themenbereiche dieser Dissertation sind in Bild 2.7 zusammengefasst.

In Kapitel 3 wird die Einkopplung und Umwandlung von Energie während eines einzelnen ultrakurzen Laserpulses betrachtet (vgl. linke Spalte). Dazu werden Messungen des Reflexionsgrades R sowie der Brechungsindizes n und k mittels moderner Simulationsmethoden nachgebildet und die verschiedenen physikalischen Einflüsse auf die zeitabhängigen Verläufe dieser Parameter detailliert untersucht.

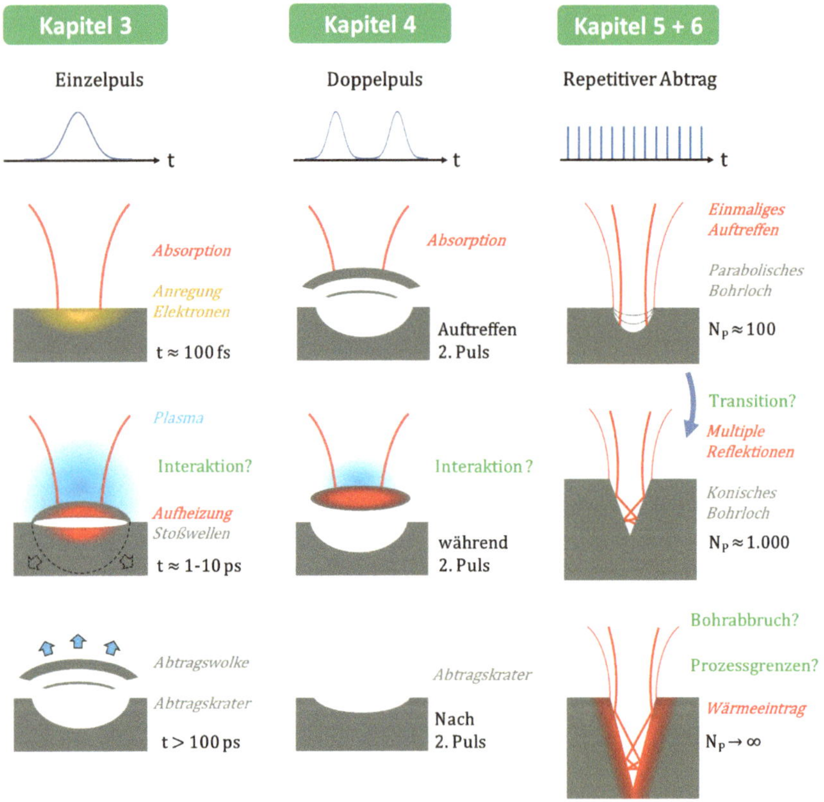

Bild 2.7: Übersicht der im Rahmen dieser Arbeit behandelten Themenfelder und ihre Einordnung in die nachfolgenden Kapitel.

In Kapitel 4 wird die Energieeinkopplung und -umwandlung bei der Nutzung von Doppelpulsen betrachtet. Der Effekt der Redeposition von durch einen vorangegangenen Puls bereits abgetragener Materie durch den zweiten Puls wird nachgewiesen. Weiterhin wird gezeigt, dass ein Tripelpuls erneut Material abträgt.

In Kapitel 5 werden analytische Formeln hergeleitet, welche die Transition zum Tiefbohrprozess beschreiben sowie ein Abbruchkriterium für den Tiefbohrprozess liefern. Beides wird anhand von experimentellen Ergebnissen verifiziert. Aufbauend auf diesen Erkenntnissen wird anschließend ein Bohrprozess ausgelegt, der in der Herstellung eines 10 mm tiefen Bohrlochs mündet, welches frei von Schmelze und thermischer Beeinflussung ist.

Abschließend wird in Kapitel 6 die experimentelle Bestimmung von im Material verbleibender thermischer Energie (Residuumswärme) während des Bohrprozesses beschrieben und die Abhängigkeit von verschiedenen Parametern diskutiert.

3 Energieeinkopplung während der Ablation mit Einzelpulsen

Wie in Abschnitt 2.2.2 beschrieben, kann der Reflexionsgrad von Metalloberflächen während der Bestrahlung mit ultrakurzen Laserpulsen abfallen [42–44]. Um dieses Phänomen detaillierter zu verstehen, werden in diesem Kapitel die physikalischen Ursachen, die zum zeitlichen Verlauf des komplexen Brechungsindex und des Reflexionsgrades von Aluminium führen, untersucht. Hierzu werden zunächst experimentell bestimmte Daten mit numerischen Ergebnissen verglichen. Von den numerischen Rechnungen ausgehend werden die involvierten physikalischen Prozesse diskutiert und in direkte Verbindung mit den gemessenen Daten gebracht. Es zeigt sich, dass die Bestrahlung mit ultrakurzen Laserpulsen den Reflexionsgrad von Metallen signifikant erniedrigen kann.
Zunächst werden in Abschnitt 3.1 die experimentell bestimmten, zeitlichen Verläufe des komplexen Brechungsindex in Abhängigkeit von der eingestrahlten Fluenz vorgestellt. Die Brechungsindizes wurden ellipsometrisch mit einem Pump-Probe Aufbau [45] durch die Gruppe von Prof. Huber an der Hochschule für angewandte Wissenschaften München bestimmt.
Um die bei der Energieeinkopplung und dem Materialabtrag involvierten physikalischen Prozesse untersuchen zu können, wurde ein hydrodynamischer Code der Russian Academy of Sciences (RAS) [42, 46] verwendet und zur Beschreibung der experimentellen Ergebnisse erweitert. Die verwendete numerische Methodik wird in Abschnitt 3.2.1 erläutert, bevor der Vergleich zwischen Experiment und Simulation in Abschnitt 3.2.2 erfolgt.
Die physikalischen Ursachen für das zeitliche Verhalten des komplexen Brechungsindex sowie des Reflexionsgrades werden schließlich in Abschnitt 3.3 diskutiert.

3.1 Experimentell bestimmtes Verhalten des komplexwertigen Brechungsindex auf ultrakurzen Zeitskalen

Zur reflektometrischen und zeitaufgelösten Bestimmung der Absorptionseigenschaften von Materialoberflächen werden seit vielen Jahren Untersuchungen mittels Pump-Probe Techniken durchgeführt [45, 81–85]. Dabei wird im Allgemeinen ein Laserstrahl durch einen Strahlteiler in zwei Strahlen aufgeteilt. Zur zeitaufgelösten Messung werden gepulste Laser genutzt. Einer der beiden Laserpulse wird zur physikalischen Anregung, d.h. beispielsweise zum Aufschmelzen oder dem Verdampfen der Oberfläche benutzt und als Pump-Puls bezeichnet. Der zweite Puls dient als Sonde (engl. "Probe") und wird als Probe-Puls bezeichnet. Durch das Variieren der zeitlichen Verzögerung zwischen Pump- und Probe-Pulse über eine verfahrbare Verzögerungsstrecke kann die Materialoberfläche zeitaufgelöst abgetastet werden. Der von der Probe reflektiverte Probe-Pulse wird entweder auf Photodioden (oft unter Zuhilfenahme von Ulbrichtkugeln) [81–83] oder auf einen Kamerachip (CCD oder CMOS) [84, 85] abgebildet. Weitere Ansätze schließen die Nutzung von interferometrischen [44,86] oder ellipsometrischen Messmethoden [45] ein. Letztere Methode hat den Vorteil, dass die ellipsometrischen Parameter eine Bestimmung von Realteil n und Imaginärteil k des komplexen Brechungsindex durch eine einzige Messmethode ermöglichen. Alle weiteren zuvor erwähnten Methoden lassen nur die Messung von relativen Änderungen von Eigenschaften der Materialoberfläche, z.B. des Reflexionsgrades, zu. Deshalb wird im Rahmen dieser Arbeit auf ellipsometrische Messungen nach Rapp et al. [45] zurückgegriffen.

Der experimentelle Aufbau ist in Bild 3.1 dargestellt. Ein von einem gepulsten Laser mit einer Wellenlänge von 1056 nm emittierter Laserstrahl wird über einen Strahlteilerwürfel in zwei Teilstrahlen aufgeteilt. Die Pulsdauer der Laserpulse beträgt $\tau = 680$ fs. Durch eine Linse mit einer Brennweite von f = 100 mm wird dieser Strahl auf die Probe fokussiert. Die Wellenlänge des Probe-Strahls wird durch einen frequenzverdoppelnden Kristall (SHG) auf 528 nm halbiert und über eine Verzögerungsstrecke geleitet.

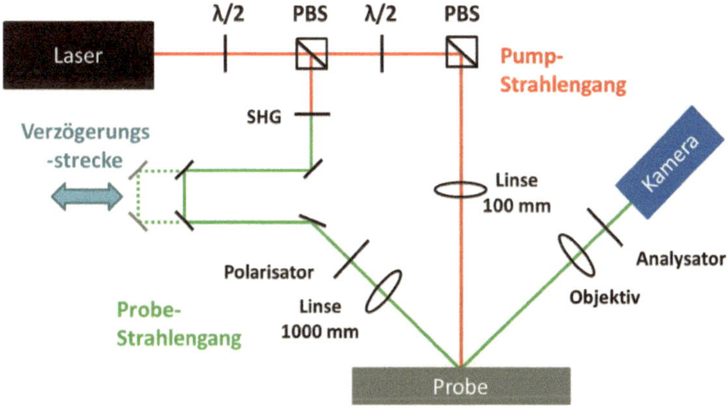

Bild 3.1: Aufbau des Pump-Probe Ellipsometers, nach [45]

Diese ermöglicht temporale Verzögerungen zwischen Pump- und Probe-Puls von bis zu 1200 ps. Danach wird der Strahl durch eine Linse und einen verstellbaren Polarisator geleitet. Der reflektierte Anteil des Probe-Strahls durchläuft ein Objektiv, einen Bandpassfilter und einen weiteren Polarisator, bevor er auf eine Kamera trifft. Durch diesen Aufbau können der Realteil n und Imaginärteil k des komplexen Brechungsindex abgeleitet werden. Der mathematische Algorithmus zur Bestimmung des Realteils n und des Imaginärteils k des komplexen Brechungsindex ist in [45] beschrieben.

Die experimentell bestimmten zeitlichen Verläufe von n und k für eine polierte Aluminiumprobe nach dem Eintreffen eines einzelnen Pump-Pulses mit den verschiedenen Fluenzen 0,44 J/cm², 0,67 J/cm² und 1,10 J/cm² sind in Bild 3.2 dargestellt. Ausgehend von einem Wert von 5,5 nimmt der Imaginärteil k beim Eintreffen des Pump-Pulses in-

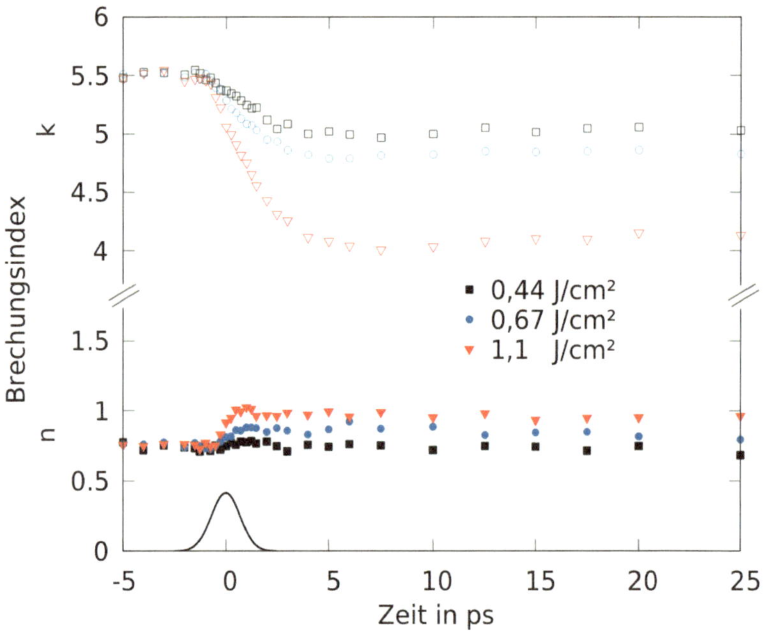

Bild 3.2: Experimentell bestimmter zeitlicher Verlauf von Realteil n (ausgefüllte Symbole, unten) und Imaginärteil k (leere Symbole, oben) des komplexen Brechungsindex $\tilde{n} = n + i \cdot k$ für einen einzelnen Pump-Puls. Material: Aluminium, $\lambda_{Pump} = 1056$ nm, $\lambda_{Probe} = 528$ nm, Pulsdauer $\tau = 680$ fs. Der Intensitätsverlauf des Pump-Pulses ist oberhalb der x-Achse eingezeichnet.

nerhalb einer Zeitspanne von t = 2 bis 5 ps auf einen von der eingestrahlten Fluenz abhängigen Wert ab. Der Realteil n hingegen liegt vor der Applikation des Pulses bei 0,75. Bei einer Fluenz des Pump-Pulses von 0,44 J/cm² findet keine signifikante Änderung von n statt. Bei einer Fluenz des Pump-Pulses von 0,67 J/cm² ist in der Folge ein Anstieg innerhalb von einer halben Pikosekunde auf einen Wert von n = 0,85 zu erkennen. Über die folgenden 24 Pikosekunden verbleibt n auf diesem Wert. Für die höchste Fluenz von 1,10 J/cm² ergibt sich über 1 ps ein steiler Anstieg, wobei n einen Maximalwert von 1,1 annimmt, bevor n in den anschließenden 3 ps wieder auf einen Wert von 1,0 abfällt. Dieser Wert bleibt über die nächsten 20 Pikosekunden konstant.

Sowohl der Anstieg des Realteils n als auch der Abfall des Imaginärteils k haben nach Gleichung 3.8 einen Abfall des Reflexionsgrades bzw. einen Anstieg des Absorptionsgrades zur Folge. Die physikalischen Hintergründe der beschriebenen Kurvenverläufe werden in Kapitel 3.3 genauer erläutert. Hierzu wird ein numerischer Ansatz gewählt, um die Laser-Materie Wechselwirkung zu beschreiben. Zunächst werden die numerischen Methoden in Abschnitt 3.2.1 eingeführt und die experimentellen Ergebnisse mit den numerischen Ergebnissen in Abschnitt 3.2.2 verglichen.

3.2 Vergleich zwischen Simulation und experimentellen Ergebnissen

Um die physikalischen Ursachen der im vorherigen Abschnitt dargestellten zeitlichen Verläufe von n und k nachvollziehen zu können, wird im Folgenden zunächst ein numerischer Ansatz eingeführt. In Abschnitt 3.2.2 werden die Ergebnisse aus den darauf aufbauenden Simulationen vorgestellt. Nach dem Vergleich der numerisch und experimentell bestimmten Ergebnisse werden in Kapitel 3.3 die physikalischen Ursachen detailliert erläutert.

3.2.1 Methodik

Zur Simulation der Laser-Materie-Wechselwirkung wurde der hydrodynamische Code "Virtual Laser Lab" (VLL) [87] des Joint Institute for High Temperatures (JIHT) der Russian Academy of Sciences (RAS) verwendet und für die hier gezeigten Ergebnisse mit moderneren Beschreibungen der dielektrischen Funktion u.a. nach Petrov [88] erweitert.

VLL erlaubt die Simulation einer in Zellen eingeteilten, eindimensionale Materialprobe. Jede Zelle hat unter anderem folgende Eigenschaften [87]:

- Position der Zelle in der Materialprobe
- Dichte ρ
- Elektronentemperatur T_e
- Ionentemperatur T_i
- Druck der Ionen
- Phasenzustand der Ionen

Der Phasenzustand der Ionen wird über die Zustandsgleichung von Aluminium berechnet, in welche 40 empirische Parameter einfließen [46]. Diese wird anhand von Temperatur und Druck des Gitters ausgewertet. Die Beschreibung der Zustandsgleichung ist in [89] gegeben. Um die Materialantwort und damit den zeitlichen Verlauf des komplexen Brechungsindex zu berechnen, wird das Material unter Nutzung eines Zwei-Temperatur Modells sowie der Massen- und Energieerhaltung des kompletten Systems als Fluid beschrieben. Detaillierte Informationen zur Implementierung der thermophysikalischen Eigenschaften sind in [46] zu finden.

Um die Wechselwirkung des Materials mit Strahlung numerisch beschreiben zu können, besitzen die Zellen neben den zuvor genannten Eigenschaften auch Werte für die dielektrische Funktion ε. Über die Anwendung der Transfer-Matrix Methode werden die Maxwell-Gleichungen für jede Zelle gelöst [46]. Die dielektrische Funktion zur Beschreibung dieser Wechselwirkung lautet

$$\varepsilon = \varepsilon_{bb} + 1 - \frac{\omega_p^2}{\omega_L \cdot (\omega_L + i \cdot \nu)} \quad , \tag{3.1}$$

mit

$$\omega_p^2 = \frac{e^2}{\varepsilon_0 \cdot m_{eff}} \cdot n_e \quad , \tag{3.2}$$

wobei ω_p die Plasmafrequenz bezeichnet [46]. Die Beschreibung der Intra-Band Wechselwirkungen ist durch die komplexe Funktion ε_{bb} gegeben, deren Real- und Imaginärteil Konstanten sind. ω_L bezeichnet die Laserfrequenz, e die Elementarladung, ε_0 die elektrische Feldkonstante, n_e die Elektronendichte und m_{eff} die effektive Masse mit $m_{eff} = 1,67 \cdot m_e$, wobei m_e die Elektronenmasse bezeichnet.

Die Kollisionsfrequenz

$$\nu = \nu_{ion} + \nu_e \tag{3.3}$$

$$= \underbrace{0,314 \cdot 10^{15}\,\frac{1}{s} + 0,108 \cdot 10^{15}\,\frac{1}{K\,s} \cdot (T_i - 293\ K) \cdot \frac{\rho}{\rho_0}}_{\nu_{ion}}$$

$$+ \underbrace{6,88 \cdot 10^{14}\,\frac{1}{s} \cdot \frac{\rho}{\rho_0} \cdot (c_1 \cdot T_e)^2 \cdot \frac{1 + 0,479 \cdot (c_1 \cdot T_e)^{0,8}}{1 + 0,659 \cdot (c_1 \cdot T_e)^{2,2}}}_{\nu_e} \tag{3.4}$$

mit

$$c_1 = \frac{6000}{11,65 \cdot 11605\ K} \approx 0,044\ K^{-1}$$

wurde unter Verwendung von Modellen, die nachfolgend diskutiert werden, berechnet. Der Änderung der Bandstruktur durch Dichteänderung wird durch die Relation ρ/ρ_0 Rechnung getragen. Dabei bezeichnet ρ die Dichte als sich ändernder Parameter, beispielsweise durch Ausdehnung des Materials, während $\rho_0 = 2,712\ g/cm^3$ der Festkörperdichte von Aluminium entspricht. Die beiden ersten Terme ν_{ion} in Gleichung 3.4 geben die lineare Abhängigkeit der Stoßfrequenz von der Gittertemperatur wieder [46, 90], während der dritte Term ν_e nach jüngeren Erkenntnissen die Abhängigkeit von der Elektronentemperatur beschreibt [88]. Der elektronische Anteil ν_e wurde hierzu durch Ausgleichsrechnung an die Daten von Petrov et al. [88] angepasst. Sämtliche Terme zusammen geben die Einflüsse von Elektron-Elektron-Streuung und Elektron-Phonon-Streuung auf die elektronische Struktur wieder.
Die Kollisionsfrequenz ν steigt offensichtlich mit steigender Elektronen- und Ionentemperatur. Beide Temperaturen steigen an, wenn Aluminium mit einem Laserpuls bestrahlt wird. Im nächsten Abschnitt werden zunächst die numerisch und experimentell bestimmten Daten verglichen, bevor in Kapitel 3.3 die physikalischen Ursachen für die zeitabhängigen Verläufe erklärt werden.

3.2.2 Numerisch bestimmtes Verhalten des komplexen Brechungsindex auf ultrakurzen Zeitskalen

In Bild 3.3 sind analog zu den in Bild 3.2 gezeigten experimentellen Ergebnissen die Ergebnisse der Simulationen gezeigt. Grundsätzlich stimmen die experimentell und numerisch bestimmmten Kurvenverläufe überein, insbesondere was die zeitliche Entwicklung betrifft. Unterschiede sind vor allem bei den Änderungen der Ausschläge erkennbar.

Für die niedrigste Fluenz von 0,44 J/cm² (schwarze Kurven) stimmen die numerisch und experimentell bestimmten Verläufe von n und k weitestgehend überein. Für den experimentell bestimmten Imaginärteil k erfolgt der Abfall von einem Wert von 5,5 auf 5 innerhalb der ersten 5 ps nach dem Intensitätsmaximum des Pump-Pulses bei t = 0 ps weitestgehend linear, während der numerisch bestimmte Verlauf eine Krümmung aufweist. Grund für diese Abweichung im zeitlichen Verlauf ist wahrscheinlich die Art der Datenaufnahme: Die Simulation bildet die Reaktion des Materials in einem infinitesimal kleinen Punkt ab, während die Messung über einen größeren Bereich mittelt.
Aus demselben Grund unterscheiden sich vermutlich auch die numerisch und experimentell bestimmten Verläufe von k für die höheren Fluenzen 0,67 J/cm² und 1,10 J/cm². Während sich für die Simulation Sättigungswerte von k = 4,8 bzw. k = 4,5 ergeben, liegen die experimentell bestimmten Werte etwas tiefer bei k = 4,7 bzw. k = 4,2.

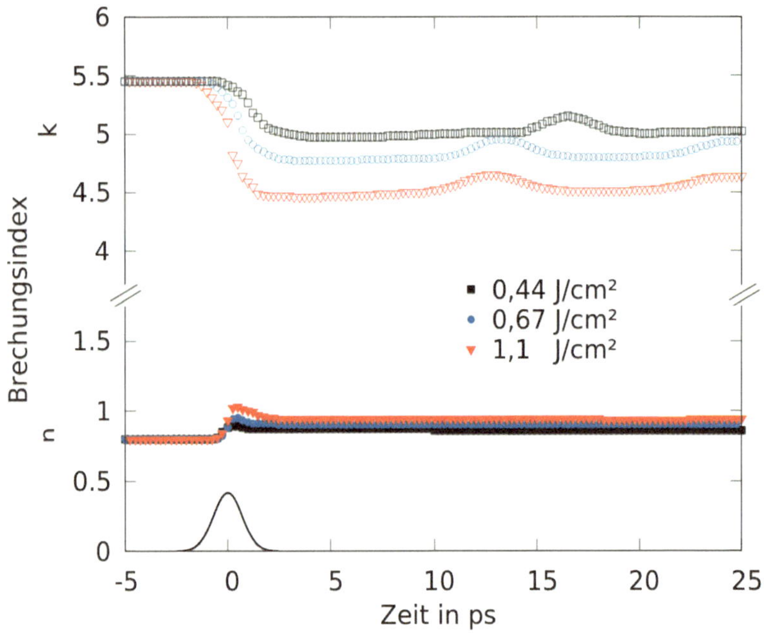

Bild 3.3: Numerisch bestimmter zeitlicher Verlauf für n (ausgefüllte Symbole, unten) und k (leere Symbole, oben). Material: Aluminium, $\lambda_{\text{Pump}} = 1056$ nm, $\lambda_{\text{Probe}} = 528$ nm, Pulsdauer $\tau = 680$ fs. Der Intensitätsverlauf des Pump-Pulses ist oberhalb der x-Achse eingezeichnet. Die Abweichungen der oberen Kurven von idealisierten Kurvenverläufen werden am Ende des Kapitels thematisiert.

Die numerisch bestimmten zeitlichen Verläufe des Realteils n stimmen für die Fluenzen 0,67 J/cm² und 1,1 J/cm² mit den experimentell bestimmten Verläufen überein.

Insgesamt kann festgestellt werden, dass die experimentell und numerisch bestimmten Daten bis auf wenige Abweichungen übereinstimmende Verläufe zeigen. Die physikalischen Prozesse, die zu diesen Verläufen führen, werden im folgenden Abschnitt diskutiert.

3.3 Physikalische Ursachen des beobachteten zeitabhängigen Verlaufs des komplexen Brechungsindex und des Reflexionsgrades

Zentrales Element in der Beschreibung der Wechselwirkung von Strahlung und Materie ist die dielektrische Funktion ε. Um die ablaufenden physikalischen Prozesse zur Änderung des komplexen Brechungsindex und des Reflexionsgrades nachvollziehen zu können, wird ε durch Umformen der Gleichung 3.1 nach Real- und Imaginärteil getrennt,

$$\varepsilon = \underbrace{\varepsilon_{bb} + 1 + \omega_p^2 \cdot \frac{\omega_L^2}{\omega_L^4 + \omega_L^2 \cdot \nu^2}}_{\varepsilon_1} + i \cdot \underbrace{\omega_p^2 \cdot \frac{\omega_L \cdot \nu}{\omega_L^4 + \omega_L^2 \cdot \nu^2}}_{\varepsilon_2} . \tag{3.5}$$

Die Kollisionsfrequenz ν (gegeben durch Gleichung 3.4) geht hier als dynamischer Parameter ein, welcher sich während der Bestrahlung ändert. Wie in Abschnitt 3.2 bemerkt, steigt ν, wenn Elektronentemperatur T_e und Ionentemperatur T_i steigen. Dies ist bei der Bestrahlung mit einem ultrakurzen Laserpuls der Fall, da dieser zunächst Energie in das Elektronensystem einbringt, welche dann mit der Zeit auf das Gitter übertragen wird (vgl. 2-Temperatur Modell). Die Werte von ε_1 und ε_2 fallen beide mit steigender Kollisionsfrequenz, da nach Gleichung 3.5 $\varepsilon_1 \propto \nu^{-2}$ und $\varepsilon_2 \propto \nu^{-1}$.
Die für die Interpretation der gemessenen Daten wichtigen optischen Parameter sind der Realteil n und der Imaginärteil k des komplexen Brechnungsindex. Diese sind Funktionen von ε_1 und ε_2 (vgl. Kapitel 2.2.1, Gleichungen 2.5, 2.6 und 2.7) und gegeben durch

$$n = \sqrt{\frac{1}{2} \cdot \left(\varepsilon_1^2 + \varepsilon_2^2\right) + \varepsilon_1} \tag{3.6}$$

und

$$k = \sqrt{\frac{1}{2} \cdot \left(\varepsilon_1^2 + \varepsilon_2^2\right) - \varepsilon_1} \quad . \tag{3.7}$$

Die Werte von ε_1 als auch ε_2 nehmen mit steigenden Temperaturen T_e und T_i ab, wodurch n abfällt und k ansteigt. Der für die Lasermaterialbearbeitung wichtige Reflexionsgrad kann durch [36]

$$R = \frac{(n-1)^2 + k^2}{(n+1)^2 + k^2} \tag{3.8}$$

berechnet werden. Der Reflexionsgrad R fällt, wenn n ansteigt und k abfällt. Analog steigt der Absorptionsgrad $A = 1 - R$. Diese Abhängigkeiten sind in Bild 3.4 zusammenfassend dargestellt. Nach dieser grundlegenden Betrachtung wird im Folgenden nun das dynamische Verhalten detaillierter untersucht und die zuvor gezeigten Verläufe von n und k in Abhängigkeit von der Zeit und der eingestrahlten Fluenz diskutiert.

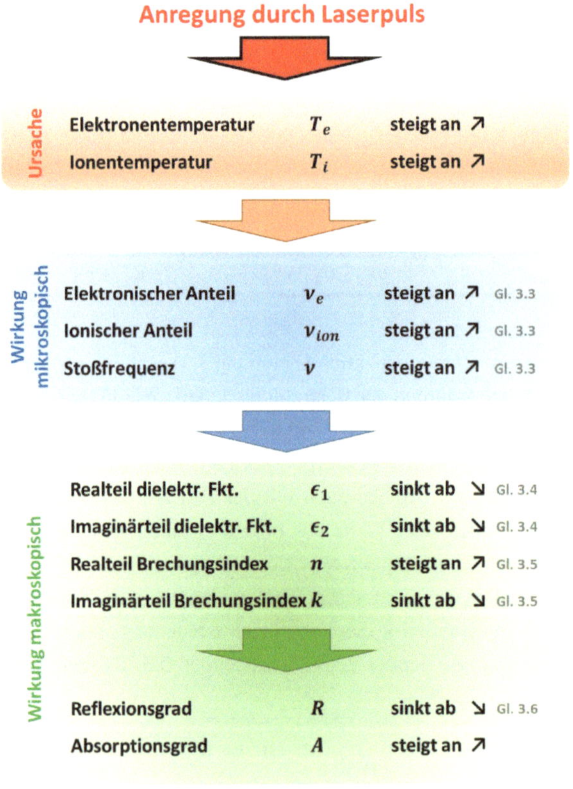

Bild 3.4: Abhängigkeiten verschiedener mikro- und makroskopischer Parameter nach Gleichungen 3.4, 3.5, 3.6 und 3.7, Material: Aluminium

Zur besseren Veranschaulichung sind in Bild 3.5 die Anteile der Stoßfrequenzen in Abhängigkeit von der Temperatur nach Gleichung 3.4 gegeben. Die ionische Stoßfrequenz ν_{ion} zeigt eine lineare Abhängigkeit von der Temperatur T_i (rote Kurve). Die Stoßfrequenz ν_{ion} steigt von $3,08 \cdot 10^{14}$ Hz bei 293 K bis auf $3,44 \cdot 10^{14}$ Hz bei 3000 K. Die elektronische Stoßfrequenz ν_e steigt nichtlinear von $3,14 \cdot 10^{13}$ Hz bei 293 K auf $1,35 \cdot 10^{15}$ Hz bei 50 000 K. Solch hohe Temperaturen werden mit fokussierten ultrakurzgepulsten Lasern während der kurzen Zeiten der Anregung spielend erreicht, wie in Bild 3.6 zu sehen ist. Hier sind die Temperaturen des elektronischen Systems (durchgezogene Linien) und des Gitters (gestrichelte Linien) als Funktionen der Zeit für die drei unterschiedlich hohen Fluenzen an der Position z = 0 nm gezeigt. Für die höchste Fluenz von 1,10 J/cm² beträgt die Maximaltemperatur des Elektronensystems $T_e = 16\,000$ K. Für die zweithöchste Fluenz beträgt diese 11 500 K, für eine Fluenz von 0,44 J/cm² liegt die höchste Elektronentemperatur bei 8000 K. Die Maximaltemperaturen werden dabei nur wenige 100 fs nach dem Intensitätsmaximum des Pump-Pulses erreicht.

Die eingestrahlte Laserfluenz fällt ab t = 0 ps ab (vergleiche hellgrau eingezeichnetes Gaußprofil an der oberen x-Achse in Bild 3.6), sodass kurz darauf auch keine weitere

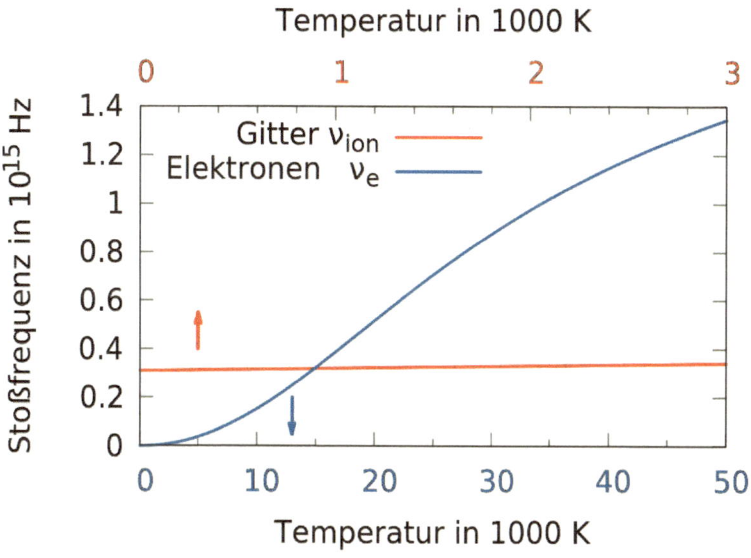

Bild 3.5: Elektronischer Anteil ν_e und ionischer Anteil ν_{ion} an der Stoßfrequenz in Abhängigkeit von Elektronentemperatur T_e und Ionentemperatur T_i nach Gleichung 3.4

Steigerung der Elektronentemperatur erfolgen kann. Der steilste Anstieg der Temperaturerhöhung im elektronischen System entspricht dem Zeitpunkt des Maximalwertes des Laserpulses. Der Maximalwert der Elektronentemperatur wird erst nach dem Maximum des Laserpulses erreicht, da der Laserpuls auch beim Abklingen weiterhin Energie an die Elektronen abgibt. Aufgrund der Kopplung des elektronischen und ionischen Systems tauschen diese Energie aus (vgl. Zwei-Temperatur Modell). Folglich nimmt die Temperatur des Festkörpergitters bereits während der Einwirkung des Laserpulses zu, während die Energie im elektronischen System nach Erreichen der maximalen Elektronentemperatur aufgrund des Energieabflusses in das ionische System abnimmt. Die beiden Temperaturen gleichen sich an, wobei diese Angleichung für die niedrigste Fluenz zum Zeitpunkt t = 3 ps, für die mittlere Fluenz bei t = 4 ps und für die höchste Fluenz bei t = 6 ps erfolgt. Ab diesem Zeitpunkt kann von einer gemeinsamen Temperatur von Elektronen- und Ionensystem gesprochen werden.

Analog zu den Temperaturen T_e und T_i erfährt auch die Stoßfrequenz $\nu = \nu_e + \nu_{ion}$ dynamische Änderungen innerhalb kurzer Zeitspannen. Mit dem raschen Anstieg der

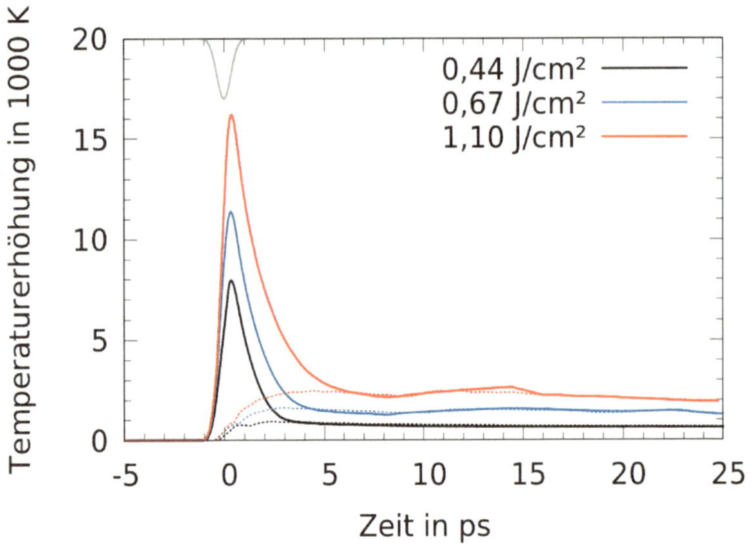

Bild 3.6: Zeitliche Entwicklung der Temperatur der Elektronen (durchgezogene Linien) und des Gitters (gestrichelte Linien) an der Stelle z=0. Die Abweichung von Elektronen- und Gittertemperatur für t $\approx$ 12 – 16 ps bei 1,10 J/cm² (rote Kurven) wird am Ende des Kapitels thematisiert.

Elektronentemperatur innerhalb von etwa einer Pikosekunde auf Werte zwischen 8000 und 16000 K steigt der elektronische Anteil ν_e um ein Vielfaches an (vgl. blaue Kurve in Bild 3.5). Damit geht ein Anstieg von n sowie ein Abfall von k im selben Zeitraum einher (vgl. Bild 3.3). Über die nächsten Pikosekunden fällt mit der Abgabe der Energie an das Gitter die elektronische Stoßfrequenz ebenfalls ab, wobei gleichzeitig die ionische Stoßfrequenz ansteigt. Da der Anstieg der ionischen Stoßfrequenz ν_{ion} sehr viel schwächer ausgeprägt ist als der Abfall der elektronischen ν_e (vgl. Bild 3.5), sinkt netto der Wert des Realteils k für die höchste Fluenz in der Zeit zwischen t = 0,5 und t = 2,5 ps ab. Danach stellt sich eine Sättigung von n ein. Der Transfer der Energie vom elektronischen in das ionische System hat für den Imaginärteil k zur Folge, dass ab t = 0,5 ps sein Abfall weniger schnell von statten geht und sich ein konstanter Wert einstellt.

Sowohl die Höhe der Änderung von n als auch die Höhe der Sättigungswerte von n und k korrelieren direkt mit der eingestrahlten Fluenz, welche einen unterschiedlich hohen Anstieg der Elektronentemperatur zur Folge hat. Die zeitliche Dynamik, inbesondere die Abfallzeit, ist ebenfalls von der Höhe der eingestrahlten Fluenz abhängig. Da mit höheren Fluenzen eine höhere Elektronentemperatur einhergeht, dauert die Angleichung von Elektronen- und Gittertemperatur für höhere Fluenzen länger an (vgl. Bild 3.6). Die dort eingebrachte Energie wird aber letztlich immer auf das ionische System übertragen und verbleibt dort als thermische Energie bis diese durch "klassiche" Wärmeleitung über deutlich längere Zeiten $\gg$ 1ns in das umgebende Volumen transportiert wird.

Nachdem die numerisch und experimentell bestimmten Daten diskutiert und ihre Übereinstimmung gezeigt sowie die Abhängigkeiten der optischen Parameter diskutiert wurden, folgt eine nähere Betrachtung der während des Ablationsvorgangs stattfindenden thermomechanischen Prozesse. In Bild 3.7 sind für die drei betrachteten Fluenzen die Entwicklung der Dichte des Materials in Raum und Zeit dargestellt. Auf der Abszisse ist die Zeit von 5 Pikosekunden vor dem Eintreffen des Maximums des Laserpulses bis 100 Pikosekunden nach diesem aufgetragen. Die Ordinate entspricht der Ortskoordinate, wobei die ursprüngliche Materialoberfläche vor dem Abtrag bei der Position 0 nm liegt. Die dargestellte Ortskoordinate reicht 300 nm in das Material hinein (positive Werte) und bis 500 nm aus dem Material heraus (negative Werte). Die farbliche Kodierung bezieht sich auf die Dichte, deren Skala rechts der Bilder aufgezeigt ist. Die Festkörperdichte von Aluminium beträgt 2,7 g/cm². Der weiße Hintergrund in den Schaubildern stellt Vakuum dar.

Nach Applikation eines Laserpulses der Fluenz 0,44 J/cm² reißt Material in einer 20 nm dicken Schicht ab. In den Simulationen entspricht diese Fluenz der Abtragsschwelle. Fällt die Fluenz unter diesen Wert, erfolgt kein Materialabtrag. Stattdessen schmilzt das Material lediglich und bildet eine sich ausdehnende und anschließend wieder zusam-

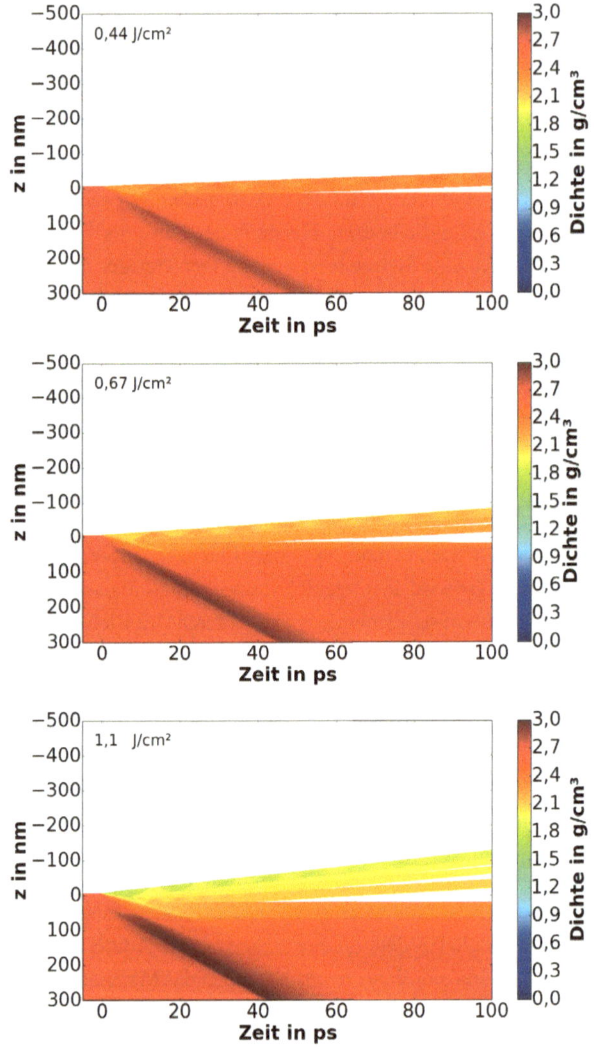

Bild 3.7: Zeitlich und räumlich aufgetragene Dichte bei Wechselwirkung des Materials mit einem Laserpulses mit verschiedenen Fluenzen, Material: Aluminium, λ_{Pump} = 1056 nm, Pulsdauer τ = 680 fs. Das Intensitätsmaximum des Pump-Pulses liegt bei t = 0 ps.

menziehende Schicht (nicht dargestellt). Nach dem Eintreffen des Laserpulses bewegt sich eine Stoßwelle in das Material hinein, gefolgt von einer Verdünnungswelle (Bereich niedriger Dichte).

Die Geschwindigkeit der Stoßwelle beträgt etwa

$$\mathrm{v} = \frac{300\ \mathrm{nm}}{50\ \mathrm{ps}} \approx 6\ \frac{\mathrm{km}}{\mathrm{s}} \quad . \tag{3.9}$$

Dies entspricht der Schallgeschwindigkeit von Aluminium, welche zwischen 6,25 und 6,35 km/s [91] liegt.
Für eine Fluenz von 0,67 J/cm² ergibt sich ein ähnliches Verhalten, wobei die Stoßwelle stärker ausgeprägt ist. Zudem fächert sich die abplatzende Schicht, die zu Beginn des Ablationsprozesses dicker ist, in mehrere Teilschichten auf. Diese Teilschichten haben unterschiedliche Geschwindigkeiten und Dichten und sind flüssig (ausgelesen aus Simulationsdaten, nicht gezeigt). Die zurückbleibende Grenzschicht von etwa 20 nm Dicke ist ebenfalls flüssig und verbleibt bis zu Simulationszeiten im Bereich von einigen Nanosekunden im flüssigen Phasenzustand. Beim durch die höchste Fluenz von 1,10 J/cm² induzierten Abtragsprozess teilt sich das abplatzende Material in noch mehr Teilschichten auf als zuvor, die Dichtewelle ist nochmals stärker ausgeprägt. Die Geschwindigkeit der abreißenden Schichten liegt im Bereich von $0,2$ km/s bis 1 km/s und damit in der Größenordnung von 10 % der Schallgeschwindigkeit.

Grundsätzlich ist nach diesen vorgegangenen Ausführungen zusammenzufassen, dass die Festkörperdichte während des Prozesses an der ursprünglichen Oberfläche und den abplatzenden Schichten verringert wird. Dies hat nach Gleichung 3.4 zur Folge, dass die Stoßfrequenz ν sinkt. Allerdings hat im Vergleich zu den Änderungen der Elektronen- und Ionentemperatur dieser Effekt einen verschwindend geringen Einfluss, da die Dichte der obersten Schichten selbst für die höchste Fluenz um lediglich 30 % erniedrigt wird. Die Erhöhung der Elektronentemperatur auf 16 000 K hat wie zuvor besprochen zur Folge, dass die elektronische Stoßfrequenz ν_e um Faktor 11,5 ansteigt. Somit hat im Vergleich hierzu die Änderung der Dichte in den obersten Schichten keinen signifikanten Einfluss auf das Verhalten der optischen Parameter.

Für den Reflexionsgrad ergibt sich der in Bild 3.8 dargestellte zeitliche Verlauf. In Abhängigkeit von der applizierten Fluenz fällt dieser innerhalb weniger Pikosekunden von seinem Grundwert von 90,3 % auf Werte von 88,0 % für die niedrigste Fluenz, 86,5 % für die mittlere Fluenz sowie 84,1 % für die höchste untersuchte Fluenz ab. Das bedeutet für die höchste applizierte Fluenz einen Anstieg des Absorptionsgrades um mehr als

60 %. Zusammenfassend lässt sich sagen, dass bereits für Fluenzen nahe der Ablationsschwelle die optischen Parameter von Aluminium signifikante Änderungen erfahren. Die Dynamik ist dabei stark abhängig von der eingestrahlten Fluenz. Da die Stoßfrequenz dichteabhängig ist (vgl. Gleichung 3.4), sind in den zeitabhängigen Verläufen der Brechungsindizes sowie des Reflexionsgrades (vgl. Bilder 3.3 und 3.8) Abweichungen zu einem idealisierten Kurvenverlauf zu verschiedenen Zeitpunkten $t > 12$ ps zu erkennen. Dies ist auf den Schichtabriss des Materials zurückzuführen, der zu unterschiedlichen Zeitpunkten für unterschiedliche Fluenzen stattfindet. Da zu diesen Zeitpunkten starke Abweichungen der lokalen Dichte auftreten, treten ebenfalls starke Änderungen der Stoßfrequenz und damit einhergehend der Brechungsindizes sowie des Absorptionsgrades auf. Dieser Effekt hat auch einen Einfluss auf den Verlauf der Temperaturerhöhung für die höchste Fluenz (vgl. Bild 3.6), da die an der Stelle z=0 gespeicherte Energie im Elektronensystem auf eine geringere Masse verteilt wird (Dichtesprung bei gleichbleibendem Volumen der Simulationszelle). Als wichtiges Ergebnis ist festzuhalten, dass mit steigender Fluenz eine Steigerung des Absorptionsgrades einhergeht.

Diese Steigerung des Absorptionsgrades könnte grundsätzlich dazu genutzt werden, mit nachfolgenden Pulsen mehr Energie in das Material einzubringen und somit möglicherweise eine Steigerung des abgetragenen Volumens zu erreichen. Im sich anschließenden Kapitel wird gezeigt, dass dies im Allgemeinen nicht möglich ist, sondern bereits abgetragenes Material die nachfolgenden Pulse abschirmen kann.

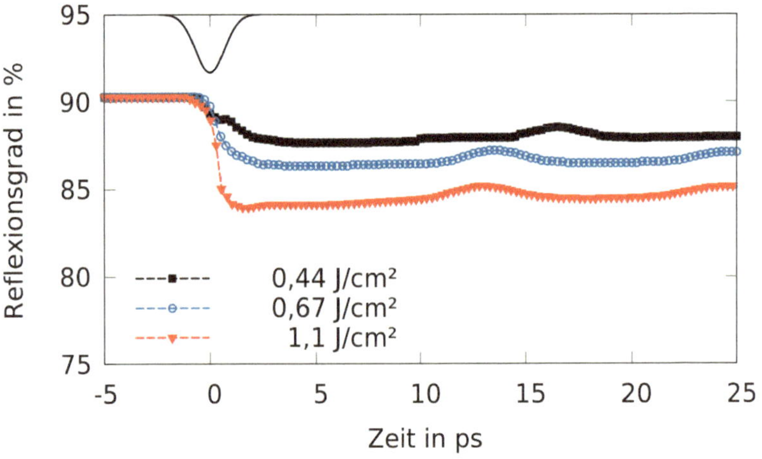

Bild 3.8: Zeitliche Entwicklung des Reflexionsgrads für senkrechtes Auftreffen.

4 Abschirmung von Strahlung und Materialredeposition während der Bearbeitung mit Burst-Pulsen

Im vorigen Kapitel wurde gezeigt, dass während der Bestrahlung einer Metalloberfläche mit einem ultrakurzen Laserpuls der Absorptionsgrad des Metalls ansteigt, sobald die applizierte Fluenz über der Ablationsschwelle liegt. Dieser erhöhte Absorptionsgrad hält auch nach der Applikation des Pulses über viele hundert Pikosekunden [45,92] und viele Nanosekunden [93] an. Somit kann im Vergleich zu einem ersten Puls ein größerer Teil der Energie eines nachfolgenden Pulses vom Material absorbiert werden. Dieser Effekt könnte grundsätzlich dazu genutzt werden, das abgetragene Volumen durch Applikation von zwei ultrakurzen Pulsen zu erhöhen. In diesem Kapitel wird gezeigt, dass dieser Ansatz aufgrund der Abschirmung des zweiten Pulses durch Material, dass sich vom Werkstück entfernt, nur in beschränktem Maße funktioniert. Entgegen der Annahme, dass durch den zweiten Puls und dem erhöhten Absorptionsgrad mehr Volumen abgetragen wird, kann durch die Nutzung von zwei aufeinanderfolgenden Pulsen sogar deutlich weniger Volumen als durch einen einzelnen Puls abgetragen werden. Wie im Folgenden gezeigt wird, liegt der Grund hierfür darin, dass der zweite Puls eine Redeposition des vom ersten Puls abgetragenen Materials bewirkt. Zunächst wird auf den aktuellen Stand der Technik eingegangen, bevor der durch Einzelpulse sowie aus zwei und drei Pulsen bestehenden Bursts verursachte Abtragsprozess diskutiert wird. Teile der folgenden Abschnitte wurden bereits in [94] veröffentlicht.

4.1 Einfluss der Pulsabstände auf das abgetragene Volumen bei der Nutzung von Burst-Pulsen

Der Einfluss von verschiedenen Parametern auf das abgetragene Volumen ΔV bzw. auf das energiespezifische Volumen $\Delta V/E$ bei der Applikation von Pulszügen bzw. Bursts wurde in den letzten Jahren verstärkt experimentell untersucht [52,53,95–97]. Semerok et al. zeigten 2004, dass beim Abtragen von Kupfer unter Verwendung von Doppelpulsen mit Abständen zwischen den Pulsen von 10 ps bis 100 ps etwa nur halb so viel Volumen abgetragen wird als bei der Anwendung eines einzelnen Pulses [53]. Werden Doppelpulse mit jeweils einer Energie von E_P und einem Abstand von wenigen Nanosekunden verwendet, kann es vorkommen, dass deutlich weniger als die Hälfte des Volumens abgetragen wird, welches mit einem Einzelpuls mit der Energie E_P ablatiert wird [97]. Für längere Zeitabstände im Bereich vieler 10 ns verschwindet dieses Verhalten [52,96].

In der jüngeren Vergangenheit wurde die Abhängigkeit des mittels Doppelpulsen abgetragenen Volumens an Stahl und Kupfer vom Pulsabstand untersucht [97]. Die bei diesen Untersuchungen gemessenen Abtragstiefen an Kupfer sind in Bild 4.1 zusammengefasst. Für Einzelpulse mit Fluenzen von 0,69 J/cm² und 1,38 J/cm² wurden Abtragstiefen von 47 µm und 60 µm festgestellt. Werden zwei Pulse mit Fluenzen von jeweils 0,69 J/cm² appliziert, liegt die Abtragtiefe bei einem Pulsabstand von 130 fs zwischen den Pulsen wie beim Abtrag mit einem einzelnen Puls mit 1,38 J/cm² bei 60 µm. Für Pulsabstände von 130 fs bis 10 ps ist die Abtragstiefe innerhalb der Fehlertoleranz konstant. Bei zunehmenden Pulsabständen von > 100 ps sinkt die Abtragtiefe bis zu einem Pulsabstand von etwa 500 ps auf etwa 18 µm ab und bleibt bis zu einem Pulsabstand von 2 ns konstant. Ab einem Pulsabstand von 3 ns wird wieder mehr Volumen abgetragen. Bei

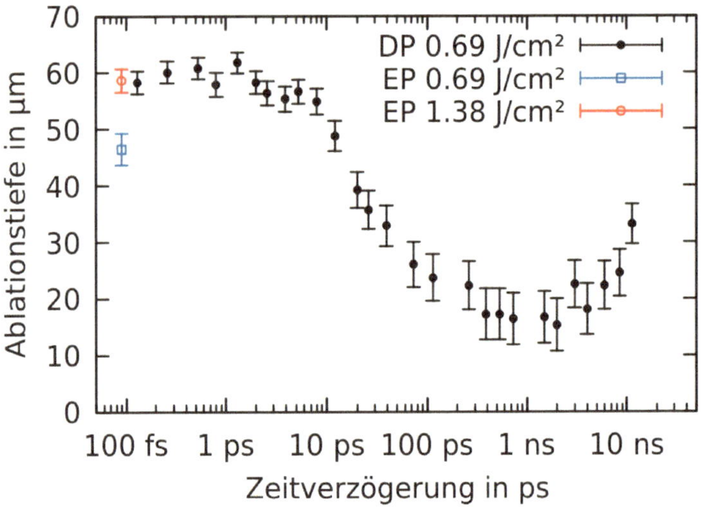

Bild 4.1: Abtragstiefe von Kupfer in Abhängigkeitvon der zeitlichen Verzögerung zwischen zwei aufeinanderfolgenden Pulsen. Laserparameter: λ = 1030 nm, τ = 400 fs, f = 400 kHz. Prozessparameter: $d_f = 44\ \mu m$, Vorschub v = 5 m/s, Anzahl an Überfahrten N = 150, zirkulare Polarisation, nach Daten aus [94,97].

Pulsabständen von 12 ns beträgt die Abtragtiefe 34 μm. Es ist anzunehmen, dass die Abtragtiefe für deutlich größere Pulsabstände im Bereich von Mikro- bis Millisekunden auf das Doppelte der durch jeweils einen der beiden Pulse erreichten Werte ansteigt, da bei hohen Zeitverzögerungen die durch die einzelnen Pulse induzierten Ablationsprozesse als unabhängig voneinander betrachtet werden können.

Die Abhängigkeit der Abtragstiefe von im Bereich der Elektron-Phonon Wechselwirkungszeit liegenden Pulsabständen wurde durch Povarnitsyn et al. numerisch für Aluminium untersucht [55]. Diesen Simulationen zufolge erfolgt, wie im Stand der Technik in Kapitel 2 beschrieben, bei einem Einzelpuls die Ablation aufgrund von Schichtabriss. Dieser Schichtabriss tritt auf, da eine Stoßwelle in das Material hinein propagiert, welche an der Wellenfront für Verdichtung des Materials und hinter der Wellenfront für eine Verdünnung des Materials sorgt. Aufgrund dieser Verdünnung reißt das Material in Schichten ab [25, 26, 28, 55, 56, 98]. Die durch den zweiten Puls erzeugte Stoßwelle, welche eine Verdichtung des Materials zur Folge hat, überlagert sich bei Pulsabständen von wenigen ps bis hin zu einigen 10 ps mit der durch den ersten Puls induzierten Stoßwelle, wodurch die durch den ersten Puls erzeugte Verdünnungszone innerhalb des Materials schwächer ausfällt. Somit findet ein deutlich schwächer ausgeprägter Schichtabriss statt. Für größere zeitliche Verzögerungen (einige 100 Pikosekunden bis einige Nanosekunden) zwischen den beiden Pulsen wurde zudem die Hypothese aufgestellt, dass die Energie des zweiten Pulses vom bereits abgetragenen Material, welches sich noch nahe an der Werkstückoberfläche befindet, absorbiert wird, was zu einer Abschirmung dieses Pulses führt. Dies hat zur Folge, dass der zweite Puls nicht vollumfänglich zum Abtrag beitragen kann [55].

Für den Werkstoff Aluminium stehen neben Molekulardynamik-Codes [28, 99] auch hydrodynamische Modelle [29, 55, 56] für Simulationen der Laser-Materie Wechselwirkung zur Verfügung. Das Ergebnis einer Simulation mit einem hydrodynamischen Code für einen mittels Doppelpuls erzeugten Materialabtrag ist in Bild 4.2 für eine Pulsverzögerung von 100 ps gezeigt. Die Ortskoordinate ist hier auf der Ordinate, die Zeit auf der Abszisse aufgetragen. Die Ortskoordinate 0 bezeichnet dabei die Werkstückoberfläche, negative Werte entsprechen Positionen außerhalb des Werkstücks, positive Werte innerhalb des Werkstücks. Die Farbkodierung entspricht der lokalen Dichte. Die Phasenzustände der Materie können der numerischen Simulation entnommen werden. In dieser Darstellung ist das Material in Regionen mit einer Dichte kleiner 1,3 g/cm³ gasförmig, zwischen 1,3 und 2,4 g/cm³ flüssig und für eine Dichte größer als 2,4 g/cm³ fest. Nach Auftreffen des ersten Pulses auf der Werkstückoberfläche zum Zeitpunkt $t = 0$ s platzen Schichten aus dichtem, flüssigen Material ab. Der zweite, zum Zeitpunkt $t = 100$ ps auftreffende Puls wird in den obersten Schichten des abgetragenen Materials absor-

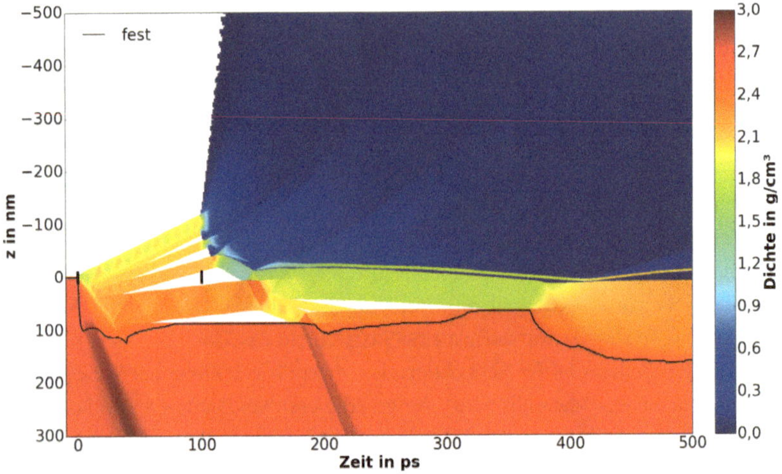

Bild 4.2: Zeitlicher und ortsabhängiger Verlauf der Dichte infolge der Applikation zweier Laserpulse zu den Zeitpunkten t = 0 ps und t = 100 ps. Fluenz pro Puls Φ = 0,5 J/cm², Pulsdauer τ = 1 ps, Wellenlänge λ = 800 nm, Material: Aluminium

biert. Die obersten Materialschichten verdampfen aufgrund der durch den zweiten Puls eingebrachten Energie. Die Expansion dieser verdampfenden Schichten resultiert ab etwa t = 110 ps in einen Impulsübertrag auf die sich näher an der Werkstückoberfläche befindlichen Schichten. Die Richtung des Impulses dieser aus flüssigem Material bestehenden Schichten ändert sich entgegen der ursprünglichen Richtung zum Werkstück hin. Ein Großteil der ursprünglich abgetragenen Materie bewegt sich dadurch zurück in Richtung Werkstück und wird resorbiert (zwei Ereignisse um die Zeitpunkte 200 ps und 400 ps), sodass sich eine Flüssigkeitsgrenzschicht ausbildet. Aufgrund dessen, dass durch Einwirkung des zweiten Pulses mit der Energie E_P ein Teil des vom ersten Pulses mit der Energie E_P abgetragenen Materials wieder am Werkstück deponiert wird, wird im Endeffekt weniger Material abgetragen, als wenn ein einzelner Puls mit der Energie E_P appliziert würde. Dieses Verhalten ist in der Literatur für die Metalle Kupfer [55, 56] und Aluminium belegt [28, 29].

Die Ergebnisse nach Bauer [97] (vgl. Bild 4.1) weisen darauf hin, dass ein derartiger Redepositionsprozess auch bei längeren zeitlichen Verzögerungen zwischen den beiden Pulsen stattfindet. Heute industriell verfügbare Laser erlauben die Applikation von Burst-Pulszügen, innerhalb derer die Pulsabstände einige 10 ns betragen (vgl. [96]). Während experimentelle Daten zum mittels Pulszügen abgetragenen Volumen mit Pulsabständen dieser Größenordnung vorliegen [96], sind die dabei auftretenden Vorgänge numerisch nicht zugänglich, da derzeit verfügbare Simulationsmethoden aufgrund von eingeschränkter Rechenleistung und eingeschränktem Speicherplatz an ihre Grenzen stoßen. Aus diesem Grund ist die Betrachtung der angesprochenen Abschirmeffekte für industriell relevante Pulsverzögerungen von einigen 10 ns durch direkte Prozessbeobachtung notwendig. Im folgenden Abschnitt werden deshalb die Ergebnisse aus experimentellen Untersuchungen unter Zuhilfenahme von Kamerabeobachtung vorgestellt und diskutiert.

4.2 Prozessbeobachtung während des Ablationsprozesses

Zur Beobachtung des Abtragsprozesses bei der Interaktion eines Werkstoffes mit Einzelpulsen sowie Pulszügen bestehend aus zwei bzw. drei Pulsen wurde der in Bild 4.3 dargestellte Aufbau verwendet. Für die Experimente wurde ein Laser, welcher Pulse mit einer Pulsdauer von 10 ps bei einer Wellenlänge von 532 nm emittiert, eingesetzt. Die verwendete Pulsdauer ist kürzer als die Elektron-Phonon-Kopplungszeit von Kupfer. Die Strahlquelle ermöglicht die Nutzung von Burstpulszügen mit einem minimalen zeitlichen Pulsbstand von 12,2 ns. Im Folgenden werden die Ergebnisse bei der Nutzung von Pulsen mit gleicher Energie verglichen, d.h. die gesamte eingestrahlte Energie ist bei der Nutzung von zwei Pulsen in einem Burst doppelt so hoch und bei drei Pulsen in einem Burst dreimal so hoch wie bei der Nutzung eines einzelnen Pulses. Der Laserstrahl

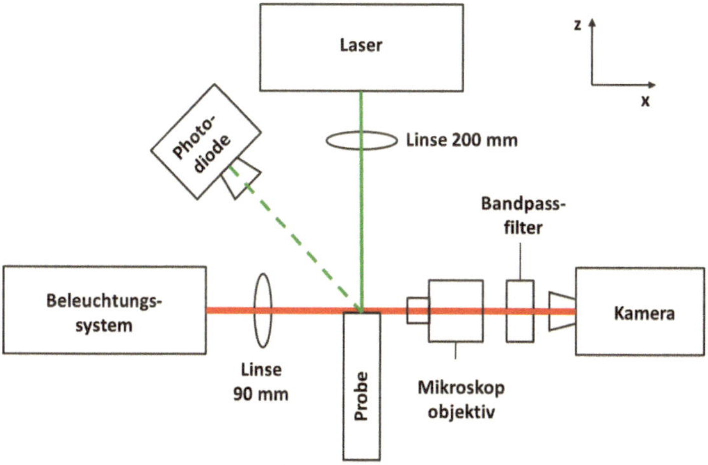

Bild 4.3: Aufbau des Schattenfotografie-Experiments

wurde durch eine Linse mit einer Brennweite von 220 mm unter senkrechtem Einfall auf die Kupferprobe fokussiert. Die eingestrahlte Fluenz pro Puls betrug 1,1 J/cm², was etwa dem zehnfachen der Schwellfluenz für den Abtrag von Kupfer entspricht (mit der D^2-Methode [100,101] bestimmt zu 0,12 J/cm²). Zur Beobachtung wurde die Prozesszone parallel zur Materialoberfläche und entgegen der Beobachtungsrichtung beleuchtet. Als Beleuchtung wurde eine gepulste monochromatische Lichtquelle mit einer Wellenlänge von $\lambda = 690 \pm 2$ nm genutzt. Das Licht der Beleuchtungsquelle wurde durch eine Linse mit einer Brennweite von 90 mm kollimiert, durch die Prozesszone und einen Bandpassfilter geleitet und durch ein Mikroskopobjektiv auf einen Kamerachip abgebildet. Der Vergrößerungsfaktor des Mikroskopobjektivs betrug 100 und resultierte in einer Schärfentiefe von 4 µm. Der Bandpassfilter transmittiert Licht im Wellenlängenband von $688,2 \pm 4,8$ nm, sodass die Umgebungsstrahlung abgeschirmt wurde. Zur zeitlichen Synchronisation wurde eine Photodiode genutzt, welche einen eingestrahlten und an der Probe gestreuten Laserpuls in einen Spannungspuls umwandelte. Dieser Spannungspuls diente als Triggersignal für einen elektronischen Signalgenerator. Der zum Abtrag eingesetzte Laser applizierte zur Triggerung des Signalgenerators einen vorangehenden Puls (Präpuls), dessen Ablationsvorgang aber nicht durch das Kamerasystem aufgezeichnet wurde. Durch den elektronischen Signalgenerator wurden die Signale für die Beleuchtungsquelle und der Beginn der Belichtungszeit der Kamera zeitlich so verzögert, dass nur der durch den nachfolgenden Puls(-zug) induzierte Abtragsprozess durch die Kamera aufgenommen wurde. Die variierbare Belichtungszeit der Kamera wurde auf 10 ns eingestellt.

Die sich an die Erhebung der Bilder anschließenden Bildbearbeitungsschritte sind zum besseren Verständnis in Bild 4.4 dargestellt. Bild 4.4 (a) zeigt schematisch den Blick auf die Interaktionszone mit der Ablationswolke, die nach Applikation eines Laserpulses, der auf die Oberfläche des Werkstücks trifft, entsteht. Ein typisches Bild, das von der Kamera 10 ns nach dem Auftreffen des Laserpulses auf das Werkstück aufgenommen wurde, ist in Bild 4.4 (b) gegeben. Die Ablationswolke erscheint als dunkler Schatten elliptischer Form. Die ursprüngliche Werkstückoberfläche ist schwach als eine durch die Prozesszone unterbrochene horizontale Linie zu erkennen (vgl. Bild 4.4 (a)). Um die Konturen der Ablationswolken zu extrahieren, wurde folgendes Verfahren angewendet: Zuerst wurden die Originalaufnahmen von Hintergrundbildern, die ohne Laserpuls aufgenommen wurden, subtrahiert. Dies resultiert in Bildern, bei denen der Bereich, der die Ablationswolke darstellt, heller ist als die Umgebung (vgl. Bild 4.4 (c)). Um das Rauschen zu reduzieren, wurden diese Bilder dann über 10 benachbarte Pixel gemittelt. Schließlich wurden Konturen mit konstanten Grauwerten extrahiert, die 40 %, 50 % und 75 % des Grauwerts entsprechen, der durch den hellsten Pixel gegeben ist. Auf die-

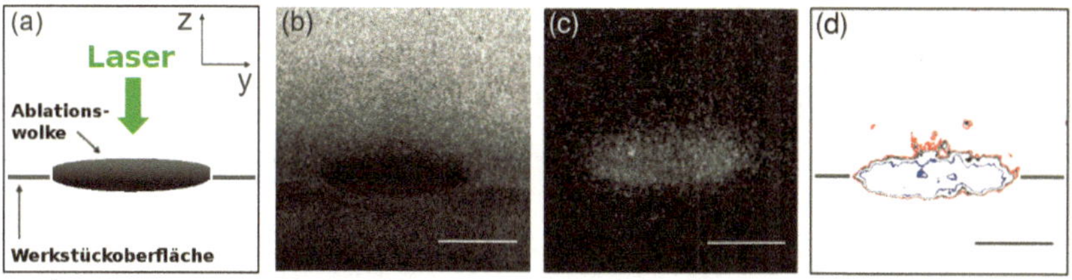

Bild 4.4: (a) Schemazeichnung der Prozesszone, (b) Aufnahme der Prozesszone 10 ns nach dem Abtragspuls, (c) Differenzbild, erzeugt aus (b) und eines vor dem Abtrag aufgenommenen Bildes, (d) Konturliniendarstellung. Die Länge der Balken in (b), (c) und (d) entsprechen 20 µm

se Weise können die Form der Ablationswolke und Zonen mit höherer und niedrigerer Dichte extrahiert und dargestellt werden (vgl. Bild 4.4 (d)). Für den Vergleich mehrerer Aufnahmen wurde als Referenz der hellste Pixel von allen Aufnahmen gewählt. Die Referenzierung der Konturen auf den hellsten Pixel aller verarbeiteten Bilder stellt eine gemeinsame Skala dar und ermöglicht es, die Konturen von verschiedenen Bildern in Bezug zueinander zu setzen. Die Form und Ausdehnung der Ablationswolken in verschiedenen Bildern können nun verglichen werden, da die Konturen vergleichbaren Dichten innerhalb der Ablationswolken entsprechen.

Die Dynamik der Ablationsvorgänge kann durch die in den Bildern 4.5 und 4.6 dargestellten Bildreihen nachvollzogen werden. In Bild 4.5 sind die Originalbilder der Ablationswolken, induziert durch einen einzelnen Puls (erste und vierte Spalte), zwei Pulse (zweite und fünfte Spalte) sowie durch drei Pulse (dritte und sechste Spalte) für die ersten 200 ns nach dem Auftreffen des ersten Pulses gezeigt. Die zugehörigen nachbearbeiteten Bilder, welche die Konturen der Ablationswolken wiedergeben, sind in Bild 4.6 dargestellt. Die neben den Bildern stehenden Zeitstempel entsprechen den zeitlichen Verzögerungen zwischen der Bestrahlung durch den ersten Laserpuls und dem Beginn der Aufnahme des zugehörigen Bildes. Die erste Spalte zeigt die zeitliche Entwicklung der durch einen einzelnen Puls ablatierten Wolke. Das abgetragene Material wird bereits 5 ns nach dem Auftreffen des Laserpules sichtbar (vgl. Bild 4.6). Weitere 5 ns später ist eine Wolke sichtbar, die sich anisotrop ausdehnt. Diese dehnt sich stärker rechtwinklig zur Werkstückoberfläche (in z-Richtung) aus als lateral (parallel zur Oberfläche). Ihre laterale Ausdehnung bleibt praktisch konstant. Nach 140 ns hört die Wolke auf, sich auszudehnen und beginnt sich aufzulösen.

Werden zwei Pulse (siehe zweite Spalte) eingestrahlt, ist die zeitliche Entwicklung der Ablationswolke bis zu dem Zeitpunkt, zu dem der zweite Puls eingestrahlt wird (nach

12,2 ns), dieselbe wie im Falle eines einzelnen Pulses. Im Einzelbild in Bild 4.5, dessen Belichtung 15 ns nach der Bestrahlung mit dem ersten Puls startet, ist eine leuchtende Erscheinung an der Oberseite der Ablationswolke sichtbar. Da durch den Bandpassfilter des Belichtungssystems nur ein Wellenlängenband von $688,2 \pm 4,8$ nm transmittiert

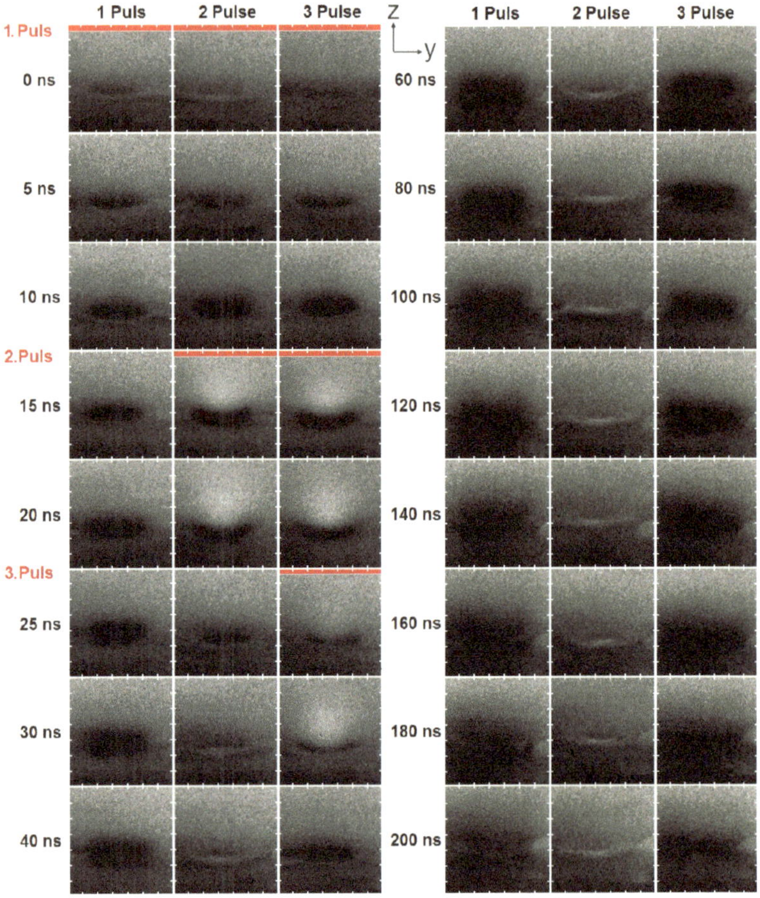

Bild 4.5: Schattenfotografie-Aufnahmen nach Applikation von einem einzelnen Puls, zwei Burstpulsen sowie drei Burstpulsen bis 200 ns nach Applikation des jeweils ersten Pulses. Die Abstände zwischen den Markierungen auf den Achsen entsprechen einer Länge von 10 µm. Die roten Balken kennzeichnen mit ihren Bezeichnungen die Zeit, zu der die Pulse appliziert wurden.

und diese Leuchterscheinung innerhalb der Bilder, die 15 ns und 20 ns nach dem ersten Puls aufgenommen wurden, sichtbar ist, kann sie nicht vom Streulicht des Laserstrahls herrühren. Weitaus wahrscheinlicher ist es, dass die Wolke durch die Absorption des La-

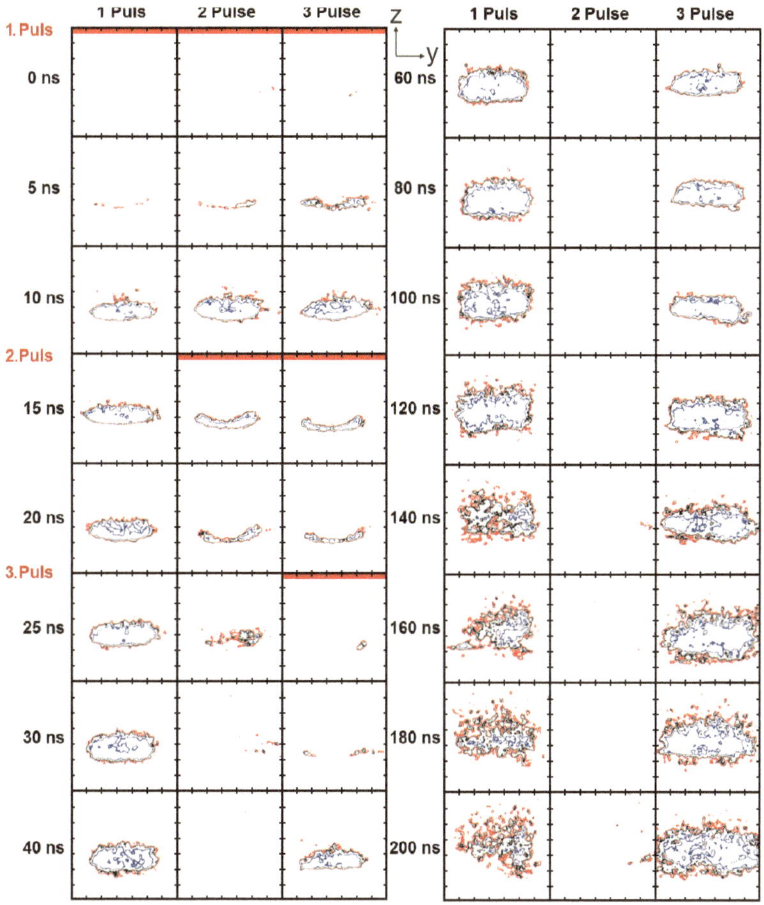

Bild 4.6: Einzelbilder aus Bild 4.5 nach Datenauswertung. Bereiche unterschiedlich hoher Dichte sind für 40% (rot), 50% (schwarz), und 75% (blau) der maximal auftretenden Grauwerte als qualitatives Maß für die Dichte eingezeichnet. Die Abstände zwischen den Markierungen auf den Achsen entsprechen einer Länge von 10 μm. Die roten Balken repräsentieren die Zeitpunkte der eintreffenden Pulse.

serstrahls an ihrer Oberseite aufgeheizt wird. Die dann emittierte Schwarzkörperstrahlung zeigt sich im Bild als helle Leuchterscheinung. Da diese Schwarzkörperstrahlung durch den Bandpassfilter hindurch detektiert werden kann, ist die Temperatur der emittierenden Wolke viel höher als die Verdampfungstemperatur von Kupfer. Es ist sehr wahrscheinlich, dass sich zu diesem Zeitpunkt eine Plasmawolke oberhalb der dichten, dunkel erscheinenden Materialwolke befindet. Die sphärische Form der Leuchterscheinung deutet darauf hin, dass das strahlende Gas oder Plasma mit steigender Temperatur in alle Richtungen expandiert. Aus den Einzelbildern in Bild 4.5, die 15 ns und später nach der Bestrahlung durch den ersten Puls aufgenommen wurden, ist ersichtlich, dass die dunkle Abtragswolke beginnt, in z-Richtung kleiner zu werden. Dies ist ebenfalls aus den zugehörigen Bildern in Bild 4.6 ersichtlich. Auf der einen Seite weist die Verschiebung der Wolkenoberseite darauf hin, dass Material zurück zur Oberfläche gedrückt werden könnte. Auf der anderen Seite ist es möglich, dass durch die durch den zweiten Puls induzierte Verdampfung an der Oberseite der Ablationswolke diese sich von der Oberseite her auflöst. Da die Unterseite der Wolke in den Aufnahmen nicht von der initialen Werkstückoberfläche getrennt ist und somit keine eindeutige Bewegung der Wolke zum Werkstück hin beobachtet werden kann, kann zwischen beiden Möglichkeiten nicht direkt unterschieden werden. Trotzdem lässt das Auftreten von Plasma an der Front der Ablationswolke auf hohen auftretenden Druck schließen, dessen Wirkung eine Redeposition von Material zur Folge haben kann. Das experimentell bestimmte Ausdehnungsverhalten der Materialwolke nach der Applikation von zwei Pulsen fügt sich konsistent in das numerisch bestimmte Verhalten von abgetragenem Material (vgl. Abschnitt 4.1) ein und stützt die These, dass der Effekt der Material-Redeposition auftritt. Fände durch den zweiten Puls lediglich eine Auflösung der Wolke statt, wäre eine Verkleinerung des ablatierten Volumens bei Nutzung eines Doppelpulses im Vergleich zu einem Einzelpuls (vgl. Bild 4.1) nicht erklärbar. Somit kann gefolgert werden, dass eine Redeposition von Material nach dem Bestrahlen mit einem zweiten Puls stattfindet.

Der durch die Nutzung von drei Pulsen induzierte Abtragsprozess zeigt zu Beginn dasselbe Verhalten, welches bei der Nutzung von zwei Pulsen beobachtet wurde. Nach Bestrahlung mit einem dritten Puls 24,4 ns nach dem ersten Puls tritt im Bild, welches nach 25 ns aufgezeichnet wurde, erneut eine Leuchterscheinung auf. Erneut kann das Auftreten dieser Leuchterscheinung auf die Absorption des Laserpulses durch das in der Interaktionszone verbliebene Material zurückgeführt werden. 40 ns nach der Bestrahlung mit dem ersten Laserpuls kann erneut das Auftreten einer Materialwolke beobachtet werden. Aus Bild 4.6 ist ersichtlich, dass die Ausdehnung dieser Wolke im Vergleich zur nach einem Einzelpuls auftretenden Wolke größer ist. Beispielsweise ist die Wolke in der vierten Spalte bei 120 ns kleiner als jene in der sechsten Spalte bei 160 ns.

Dieser Effekt kann durch Bestimmung der Flächen innerhalb einer Konturlinie quantifiziert und bestätigt werden. Die größte Ausdehnung der Wolke nach einem Einzelpuls wird nach 80 ns erreicht, für einen Dreifachpuls nach 200 ns. Die Fläche, die von den roten Konturlinien in der sechsten Zeile in Bild 4.6 bei 200 ns umschlossen wird, ist doppelt so groß wie dieselbe Kontur in der ersten Spalte bei 80 ns. Da die Konturlinien auf qualitative Weise Bereiche konstanter Dichte einer Wolke repräsentieren, sind die Flächeninhalte der von ihnen umschlossenen Bereiche eine qualitative Größe für die in den Wolken enthaltene Materialmenge.

Somit ist die Masse des durch den dritten Puls ablatierten Materials größer als die nach dem ersten Puls abgetragene Masse. Eine mögliche Erklärung dafür ist, dass das Aufheizen der Werkstückoberfläche durch die vorangegangenen Laserpulse zu einer Reduktion der Ablationsschwelle für den dritten Puls führt. Zudem könnten veränderte optische Eigenschaften des heißen Materials zu einer erhöhten Absorption führen (vgl. Kapitel 3 und [28, 55, 102]). Beide Effekte würden für den dritten Puls zu einer höheren Effizienz des Ablationsprozesses führen. Eine physikalische Größe, die zur Beurteilung der Effizienz eines Ablationsprozesses herangezogen werden kann, ist das energiespezifische Volumen [32, 103]

$$V_{en,N} = \frac{\Delta V}{E_{tot}} = \frac{\Delta V}{N \cdot E_P} \quad . \tag{4.1}$$

Sie entspricht dem Quotienten des durch einen Laserprozess ablatierten Volumens ΔV und der gesamt eingestrahlten Laserenergie E_{tot} im Burst, aufgeteilt auf N Pulse im Burst mit einer Pulsenergie von jeweils E_P. Hohe Werte von $V_{en,N}$ entsprechen einem Ablationsprozess, bei dem viel der eingestrahlten Energie zum Materialabtrag genutzt werden kann, während niedrige Werte für einen ineffizienten Abtragsprozess stehen. Messungen der energiespezifischen Volumina für Kupfer bei der Nutzung von N = 1, 2 und 3 Pulsen ergaben bei einer mittleren Fluenz von 1,1 J/cm² pro Puls (entspricht etwa dem 10-fachen der Ablationsschwelle eines Einzelpulses) Werte von [96, 104]

$$V_{en,1} \approx 2,25\ \frac{mm^3}{mJ} \quad , \quad V_{en,2} \approx 0,8\ \frac{mm^3}{mJ} \quad \text{und} \quad V_{en,3} \approx 2,65\ \frac{mm^3}{mJ} \quad . \tag{4.2}$$

Das abgetragene Volumen pro eingestrahlter Energie ist also bei der Nutzung von zwei Laserpulsen mit einer Zeitverzögerung von 12 ns etwa 64 % niedriger als bei Nutzung eines einzelnen Pulses. Für drei Pulse ist das energiespezifische Volumen dagegen um fast 18 % größer [96, 104]. Somit wird zum Einen deutlich weniger Material nach der Bestrahlung mit zwei Laserpulsen abgetragen als nach der Bestrahlung mit einem einzelnen Puls, was die Hypothese der Materialredeposition weiter stützt. Zum Anderen wird mehr Material durch einen Burst mit drei Pulsen abgetragen als durch einen einzelnen Puls. Beide Ergebnisse stehen in Einklang mit den aus der Schattenfotografie abgeleiteten Erkenntnisse.

Zur weiteren Analyse der zeitlichen Entwicklung der Ablationswolken wurde die Ausbreitung der oberen Ränder der roten Konturlinien (entsprechend 40 % des maximal auftretenden Grauwerts als qualitative Maß für die Dichte) herangezogen. Ihre Position über der Werkstückoberfläche ist über der Zeit in Bild 4.7 für die drei unterschiedlichen Ablationsprozesse dargestellt. Der erste Puls wurde zum Zeitpunkt t = 0 ns, der zweite Puls zum Zeitpunkt t = 12,2 ns und der dritte Puls zum Zeitpunkt t = 24,4 ns eingestrahlt. Für einen Einzelpuls verlangsamt sich die Ausdehnung der Wolke in z-Richtung mit der Zeit. Im Zeitinvervall zwischen 15 ns und 25 ns beträgt die Ausbreitungsgeschwindigkeit der Wellenfront 220 ± 50 m/s. Die Geschwindigkeit sinkt mit der Zeit. Für einen Doppelpuls stoppt die Ausdehnung der Wolke zum Zeitpunkt t = 15 ns. In den darauffolgenden 10 ns geht ihre Ausdehnung auf den Wert 0 zurück. Die Bestrahlung des

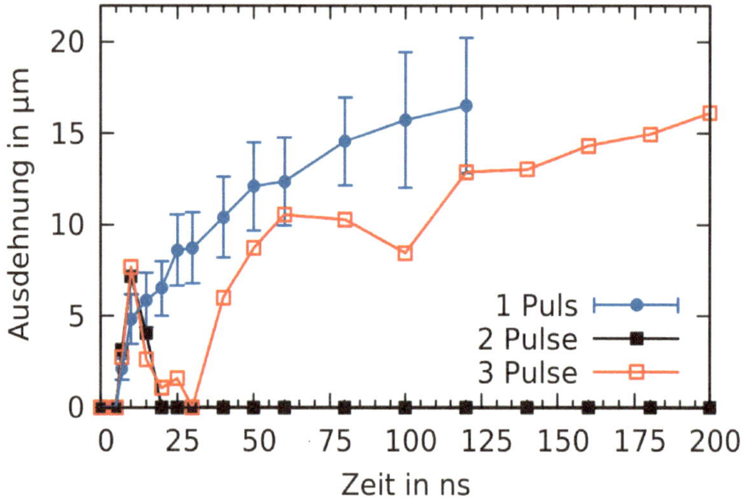

Bild 4.7: Das zeitliche Verhalten der räumlichen Ausdehnung der oberen Front der Materialwolke für die rote Konturlinie (entsprechend 40% der maximal auftretenden Dichte) nach Applikation eines Einzelpulses (blaue volle Kreise), eines Doppelpulses (schwarze volle Kästchen) und eines Dreifachpulses (rote leere Kästchen). Der erste Puls trifft zum Zeitpunkt t = 0 ns auf, der zweite Puls zum Zeitpunkt t = 12,2 ns, der Dritte zum Zeitpunkt t = 24,4 ns.

dritten Pulses resultiert erneut in einer Ablationswolke, die sich ab t = 25 ns ausdehnt. Im Intervall zwischen 40 ns und 60 ns nach dem Eintreffen des ersten Pulses erreicht die Ausdehnungsgeschwindigkeit dieser Wolke einen Wert von 210 ± 50 m/s. Danach verlangsamt sich ihre Ausbreitung. Analog zu der aus den Simulationen des Werkstoffs Aluminium (Abschnitt 3.1 oder [25, 26]) und für Kupfer [56] bestimmbaren Ausbreitungsgeschwindigkeit liegt die experimentell bestimmte Ausbreitungsgeschwindigkeit in der Größenordnung von etwa 10 % der Schallgeschwindigkeit (Schallgeschwindigkeit Kupfer 4660 m/s [91]).

Aus den vorangegangenen Betrachtungen ergibt sich für den Ablationsprozess von Metallen mit Pulsdauern kürzer als die Elektron-Phonon Relaxationszeit und Pulsverzögerungen zwischen aufeinanderfolgenden Pulsen von wenigen 100 Femtosekunden bis zu mehreren Nanosekunden folgende Modellvorstellung:

Einzelpuls Es erfolgt ein Abriss von Materialschichten, sobald die Schwellfluenz überschritten wird. Diese Schichten entfernen sich von der Wechselwirkungszone mit Geschwindigkeiten in der Größenordnung der Schallgeschwindigkeit und darunter. Die Auflösung der Materialwolke beginnt im Zeitbereich von wenigen 10 ns nach der Applikation des Abtragspulses und ist nach wenigen 100 ns abgeschlossen.

Doppelpuls Der zweite Puls trifft auf elektronisch und thermisch angeregtes Material und wird an der obersten Materialschicht absorbiert. Liegt die Zeitverzögerung zum ersten Puls innerhalb der Größenordnung der Elektron-Phonon Relaxationszeit, wird so viel Volumen wie bei Applikation eines Einzelpulses mit doppelter Energie abgetragen. Bewegt sich die Zeitverzögerung zwischen beiden Pulsen im Bereich von 100 Pikosekunden bis mehreren Nanosekunden, trifft der zweite Puls auf wegfliegendes Material und verdampft davon mindestens die oberste Materialschicht. Der sich anschließende Impulsübertrag von sich ausdehnendem Gas auf die darunterliegenden Materialschichten bremst diese ab.
Bei ausreichend hohem Energieeintrag, insbesondere um das Fluenzoptimum (in etwa das 10-fache der Ablationsschwelle, vgl. Abschnitt 2.3), reicht der Impuls aus, um Material zurück in Richtung der ursprünglichen Oberfläche zu bewegen. Die Oberfläche des Materials wirkt in diesem Zeitbereich nach wie vor dissipativ und kann zurückkommendes Material resorbieren, sodass netto signifikant weniger Volumen abgetragen wird.

Tripelpuls Trifft ein dritter Puls innerhalb von wenigen Nanosekunden nach dem ersten Puls erneut auf die nach wie vor thermisch angeregte Oberfläche, nachdem

Material durch den zweiten Puls redeponiert wurde, wird erneut Material abgetragen. In Abhängigkeit von der applizierten Fluenz kann das insgesamt abgetragene Volumen in der gleichen Größenordnung liegen wie beim Abtrag mit drei einzelnen Pulsen mit größeren Zeitabständenn. Für Kupfer ergibt sich im Bereich der optimalen Fluenz sogar ein höherer Wert, sodass der Abtragsprozess mit drei Pulsen im Hinblick auf das energiespezifische Volumen effizienter werden kann als für einen Einzelpuls.

Grundsätzlich ist das dargestellte Verhalten auch auf Bursts mit noch mehr Pulsen anwendbar, d.h. ein Burst mit 4 Pulsen, 6 Pulsen und 8 Pulsen usw. verhält sich ähnlich wie ein solcher mit zwei Pulsen. Das Gleiche gilt für 3 Pulse, 5 Pulse usw. Da mit jedem redeponierenden Puls auch Material verdampft wird, verschwindet der Einfluss auf das abgetragene Volumen mit hohen Pulsanzahlen innerhalb eines Bursts. Dieses Verhalten ist in der Literatur für bis zu 8 Pulse innerhalb eines Bursts belegt [52, 105].

5 Der Tiefbohrprozess und Auslegung von Perkussionsbohrprozessen

Gegenstand dieses Kapitels sind Untersuchungen zur Einkopplung und Umwandlung von Energie während des Perkussionsbohrprozesses. Die eingestrahlte Energie wird zum Teil in thermische, im Material verbleibende Energie (Residuumswärme) umgewandelt. Diese hat Auswirkungen auf den Bohrfortschritt und die Qualität der Bohrung. Das Perkussionsbohren zeichnet sich dadurch aus, dass der Laserstrahl auf eine Stelle fokussiert wird und keine Bewegung relativ zum Werkstück erfährt.

Im folgenden Abschnitt wird zunächst der Übergang in das Regime des Tiefbohrens analytisch betrachtet. Es schließt sich die Beschreibung des Tiefbohrprozesses an, wobei sowohl die Tiefenzunahme als auch die im Bohrloch deponierte Energie - die Residuumswärme - für verschiedene Prozessparameter betrachtet werden. Das Kapitel schließt mit der Herleitung einer analytischen Formel zur Abschätzung der erreichbaren Bohrtiefe. Teile der Abschnitte 5.2, 5.2.2 und 5.4 wurden bereits veröffentlicht [106, 107].

5.1 Tiefenzunahme zu Bohrbeginn und Übergang zum Tiefbohrprozess

Grundsätzlich gibt es zu Beginn des Perkussionsbohrprozesses mit ultrakurzen Laserpulsen einen Übergang von der parabolischen Form zur konischen Form der Bohrung. Dieser erste Abschnitt eines Bohrprozesses wird im Folgenden analytisch beschrieben und die Pulsanzahl, ab der multiple Reflexionen auftreten und ein Übergang zum Tiefbohrprozess stattfindet, bestimmt. Die radialsymmetrische Gauss-Verteilung der Fluenz $\Phi(r)$ für einen idealisierten, auf den Fokusradius w_0 fokussierten Laserstrahl ist gegeben durch

$$\Phi(r) = \Phi_0 \cdot \exp\left(\frac{-2 \cdot r^2}{w_0^2}\right) \quad , \tag{5.1}$$

wobei Φ_0 der Peakfluenz

$$\Phi_0 = \frac{2 \cdot E_P}{\pi \cdot w_0^2} \tag{5.2}$$

mit der Pulsenergie E_P entspricht. Für einen einzelnen applizierten Puls mit dieser Fluenzverteilung entspricht das Profil des Abtragskraters einem Paraboloid bzw. im Querschnitt einer Parabel. Der Verlauf dieser Parabel kann unter Anwendung des logarithmischen Abtragsgesetzes (vgl. Gl. 2.2) berechnet werden und entspricht

$$\begin{aligned} z_{abl}(\Phi(r)) &\overset{(2.2)}{=} -\delta \cdot \ln\left(\frac{\Phi(r)}{\Phi_{th}}\right) \\ &\overset{(5.1)}{=} \frac{2\,\delta}{w_0^2} \cdot r^2 - \delta \cdot \ln\left(\frac{\Phi_0}{\Phi_{th}}\right) \quad . \end{aligned} \tag{5.3}$$

Hier entspricht δ der effektiven Eindringtiefe der Energie und Φ_{th} der Schwellfluenz, ab der ein Abtrag stattfinden kann. Für eine Anzahl N_P an aufeinanderfolgenden Pulsen ergeben sich in erster Näherung, insbesondere solange multiple Reflexionen vernachlässigt werden können, parabelförmige Geometrien (vgl. Bild 5.1 a)), die beschrieben werden können durch

$$z_{abl}(N_P, r) = N_P \cdot \frac{2\,\delta}{w_0^2} \cdot r^2 - N_P \cdot \delta \cdot \ln\left(\frac{\Phi_0}{\Phi_{th}}\right) \quad . \tag{5.4}$$

Im (r, z)-Koordinatensystem nach Bild 5.1 a), in dem der Ursprung auf der Mittelachse der Paraboloide und der ursprünglichen Oberfläche mit z = 0 liegt, haben diese Parabeln die rot eingezeichneten Brennpunkte (vgl. Bild 5.1 b)-d)).
Da in erster Näherung die Strahlenbündel parallel einfallen (für einen auf die Materialoberfläche fokussierten Laserstrahl), kann die Position des Brennpunktes als Kriterium herangezogen werden, um das Auftreten von multiplen Reflexionen zu bestimmen. Allgemein gilt für eine Parabel mit der Funktion $z(r)$ und deren Brennpunkt P_B in (r,z)-Koordinaten [108]

$$z(r) = a \cdot r^2 + b \qquad \text{und} \qquad P_B = \left(0 \;,\; \frac{1}{4a} + b\right) \quad . \tag{5.5}$$

Durch Koeffizientenvergleich und unter Berücksichtigung der Gleichung 5.4 ergibt sich für die hier betrachteten Parabeln ein Brennpunkt P_B in (r, z)-Koordinaten von

$$P_B = \left(0 \;,\; \frac{w_0^2}{8\,\delta\,N_P} - N_P \cdot \delta \cdot \ln\left(\frac{\Phi_0}{\Phi_{th}}\right)\right) \quad . \tag{5.6}$$

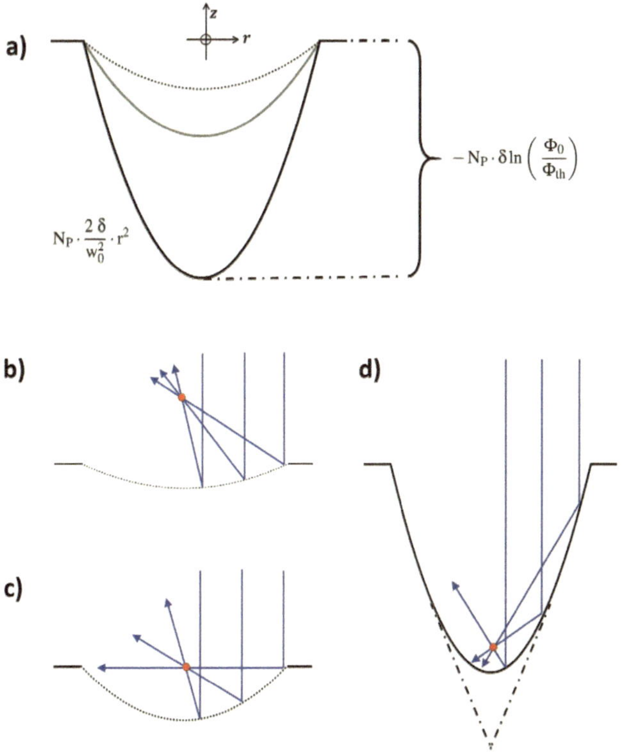

Bild 5.1: Parabel im (r,z)-Koordinatensystem: Repräsentation der Gleichung 5.4 (a), Niedriges Aspektverhältnis mit Einfachreflexionen (b), Übergang zu multiplen Reflexionen bei Aspektverhältnis 1/4 (c), Beispiel einer Parabel mit hohem Aspektverhältnis mit Übergang zur konischen Bohrgeometrie (d).

Multiple Reflexionen treten dann auf, wenn die z-Koordinate des Brennpunkts unterhalb der ursprünglichen Oberfläche $z = 0$ fällt (vgl. Bild 5.1 c)). Es ergibt sich für die kritische Anzahl an Pulsen N_{mult} beim erstmaligen Auftreten von multiplen Reflexionen

$$N_{mult} = \frac{w_0}{\delta}\left(8 \cdot \ln\left(\frac{\Phi_0}{\Phi_{th}}\right)\right)^{-\frac{1}{2}} \quad , \tag{5.7}$$

was einem Aspektverhältnis des Paraboloids von 1/4 entspricht. Mathematisch ist aufgrund der Wurzelfunktion auch der negative Wert möglich, dieser ist aber physikalisch irrelevant. Für eine allgemeine Abschätzung wird zunächst der Quotient aus Φ_0 und Φ_{th} betrachtet. Die kritische Pulsanzahl für Stahl, ab der multiple Reflexionen relevant sind, liegt im Bereich zwischen $N_{mult} \approx 200$ und 5000 Pulsen (Annahmen: $\delta = 5$ nm [109], $w_0 \in [10\,\mu m; 100\,\mu m]$, $\Phi_0 \in [10 \cdot \Phi_{th}; 1000 \cdot \Phi_{th}]$).

Neben dieser kann die Pulszahl N_{deep} berechnet werden, ab der ein zweiter Auftreffpunkt unterhalb des Brennpunktes existiert, an dem die Ablationsschwelle überschritten wird. Dies wurde als ein Kriterium für den Beginn der Transition der Bohrlochgeometrie vom Paraboloid zur konischen Form gewählt. Diese Herleitung ist komplexer und in Anhang A.1 beschrieben. Es gilt

$$N_{deep} \geq \frac{w_0}{\delta} \cdot \left(2 \cdot \ln\left(R \cdot \frac{\Phi_0}{\Phi_{th}}\right)\right)^{-\frac{1}{2}} \quad ,$$

das Einsetzen des Tiefbohrprozesses ist somit von der Reflektivität abhängig. Für Stahl bei einer Wellenlänge von 1064 nm ist $R \approx 0,7$. Es gilt $N_{deep} \approx 3 \cdot N_{mult}$ für Fluenzen nahe der Abtragsschwelle und $N_{deep} \approx 2 \cdot N_{mult}$ für Fluenzen, die über dem 10-fachen der Abtragschwelle liegen. In Tabelle 5.1 sind für Stahl einige Beispielwerte für N_{mult} und N_{deep} (der Übersichtlichkeit halber gerundet auf 10 Pulse) gegeben.

Tabelle 5.1: Beispielwerte für den Übergang zum Tiefbohrprozess für $\delta = 5$ nm [109] und $R = 0,7$

Vielfache Φ_0/Φ_{th}	Fokusradius w_0 in µm	N_{mult}	N_{deep}
2	100	4720	13540
2	10	470	1350
10	100	2590	5630
10	10	260	560
100	100	1830	3810
100	10	180	380

In Bild 5.2 sind einige REM-Aufnahmen eines Perkussionsbohrprozesses dargestellt. Für die Versuchsparameter ergeben sich $N_{mult} \approx 1000$ und $N_{deep} \approx 2100$. Dass multiple Reflexionen die Ausbildung des Bohrlochs beeinflussen, ist bereits bei 2340 Pulsen sichtbar, da eine Verbreiterung des Bohrlochs stattfindet. Die Ausbildung einer konischen Geometrie erfolgt zwischen 4700 und 7070 Pulsen.

Zusammenfassend gilt, dass der Tiefbohrprozess von Stahl bei einigen 100 bis einigen 1000 Pulsen beginnt. Die genaue Pulsanzahl ist abhängig von der Fluenz und dem Fokusradius. Der Tiefbohrprozess setzt im Allgemeinen bei einem Aspektverhältnis von

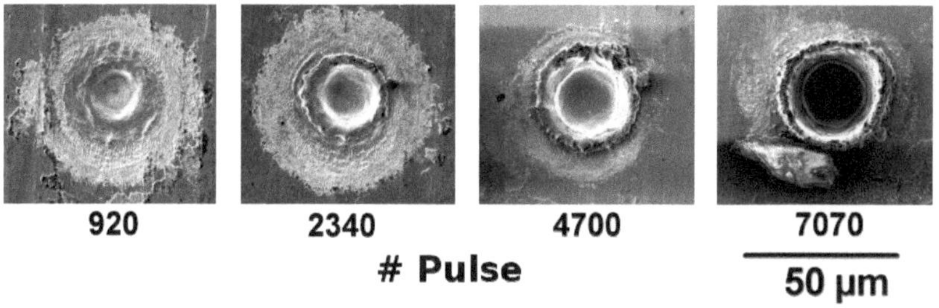

Bild 5.2: REM-Aufnahmen des Bohrbeginns von Stahl. Parameter: f_{rep} = 5 kHz, w_0 = 30 µm, E_P = 90 µJ, Φ_0 = 12,7 J/cm², $R \cdot \Phi_0/Phi_{th} \approx 59$, τ_P = 10 ps

etwa 1 ein, während multiple Reflexionen ab einem Aspektverhältnis von 1/4 Einfluss auf Bohrprozesse nehmen.

5.2 Der Tiefbohrprozess

Gegenstand der folgenden beiden Abschnitten ist der Bohrfortschritt während des Tiefbohrprozesses. Zunächst wird die verwendete Untersuchungsmethode vorgestellt. Anschließend wird ein analytisches Modell zur Berechnung der erreichbaren Bohrtiefe hergeleitet und verifiziert.

5.2.1 Bestimmung der Durchbohrzeit

Die Anzahl an Laserpulsen, die benötigt wird, um eine Probe mit definierter Materialdicke zu durchbohren, wurde mit dem in Bild 5.3 skizzierten Versuchsaufbau bestimmt. Die zu durchbohrende Probe wird von einem Klemmhalter in U-Form gehalten. Zwei Photodioden dienen der Prozessüberwachung. Die an der Werkstückoberseite diffus reflektierte Strahlung wird von einer Photodiode erfasst, während eine zweite Photodiode auf die Werkstückunterseite gerichtet ist. Diese erfasst die auf der Rückseite austretende Strahlung, nachdem die Probe durchbohrt wurde. Bei Einschalten des Lasers zu Bohrbeginn ist das Spannungssignal der oberen Photodiode vergleichbar mit dem in Bild 5.3 gezeigten Signal 1. Nach einer kurzen Dauer zu Bohrbeginn, welche von den Prozessparamtern abhängig ist, sinkt die gemessene Spannung, da die diffus reflektierte Strahlung aufgrund des entstehenden Bohrlochs auf einen kleineren Raumwinkelbereich beschränkt ist. Zu Beginn der Bohrung ist keine Spannung an Photodiode 2 messbar. Ab

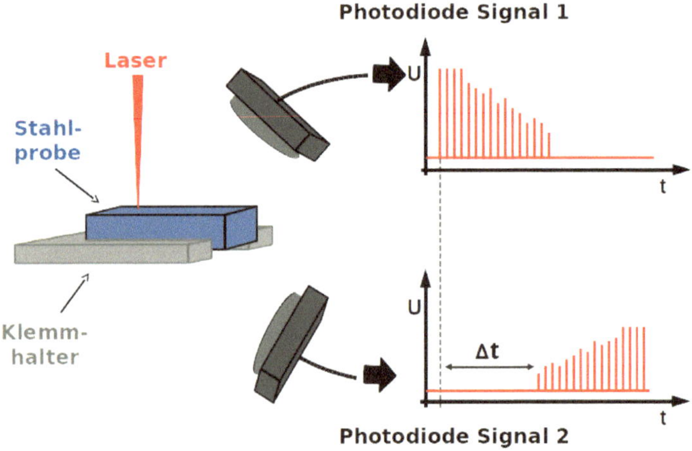

Bild 5.3: Schematischer Aufbau mit Beispielsignalen zur Bestimmung der Durchbohrzeit Δt

der Zeit des Durchbruchs ist an Photodiode 2 dann eine Spannung messbar, da Licht an der Probenunterseite austritt. Diese Spannung steigt mit steigender Pulsanzahl, da der Austritt des Bohrlochs sich mit der Zeit vergrößert. Der Zeitpunkt des Durchbruchs ist definiert als die Zeit des ersten detektierten Spannungsanstiegs von Signal 2. Die Durchbohrzeit Δt ergibt sich als Differenz von Durchbruchszeitpunkt und Bohrbeginn. Die Anzahl der benötigten Laserpulse N_p bis zum Durchbruch ergibt sich mit der Pulswiederholrate f_{rep} zu

$$N_p = \Delta t \cdot f_{rep} \quad . \tag{5.8}$$

5.2.2 Analytisches Modell zur Berechnung der erreichbaren Bohrtiefe

Basierend auf der konischen Bohrgeometrie beim Tiefbohrprozess kann ein vereinfachtes, analytisches Modell zur Berechnung der erreichbaren Bohrtiefe hergeleitet werden, wie im Folgenden gezeigt wird. Der Abschnitt endet mit einer Validierung des Bohrmodells zur Vorhersage der erreichbaren Bohrtiefe.

Während des Perkussionsbohrprozesses nimmt die Fluenz im Bohrloch verschiedene, nicht trivial zu bestimmende Verteilungen an. Endet ein Laserbohrprozess, weil die eingestrahlte Fluenz nicht mehr für ein Fortschreiten der Bohrung ausreicht, ist die Fluenz gleichverteilt und an allen Punkten innerhalb des Bohrlochs wird dann die Abtragsschwelle Φ_{th} unterschritten. Wäre dies nicht der Fall, würde der Bohrprozess andauern. Werden nichtlineare Effekte wie Multi-Photononen-Absorption bei der Bearbeitung von Halbleitern [70], Plasmazündungen des abgetragenen Materials [110] oder auch Luftdurchbruch [64,111–113] und die Vermeidung von Schmelze aufgrund von Wärmeakkumulation vermieden [114,115], zeigt die Bohrlochgeometrie eine Konusform. Wenn die einfallende Pulsenergie E_P in der konisch geformten Endgeometrie zum Zeitpunkt des Bohrabbruchs homogen verteilt ist, ergibt sich

$$A \cdot \Phi_{th} = \frac{\eta_{abs} \cdot E_P}{\pi \cdot r_{abl} \cdot \sqrt{r_{abl}^2 + z_{bohr}^2}} \quad , \tag{5.9}$$

wobei der Nenner auf der rechten Seite der Fläche der Bohrungsinnenwand entspricht (Mantelfläche eines Konus mit Radius des Basiskreises r_{abl} und Höhe z_{bohr}). A entspricht dem Absorptionsgrad des Materials, η_{abs} dem Einkoppelgrad zur Zeit des Bohrabbruchs. Zu Beginn einer Perkussionsbohrung wird der Bohrlochradius r_{abl} von der einfallenden Fluenzverteilung bestimmt. Da die meisten ultrakurz gepulsten Laser eine Gaußförmige Verteilung aufweisen, wird im Folgenden dieser Fall betrachtet. Der Eintrittsradius des Bohrlochs kann durch Gleichsetzen der Abtragsschwelle Φ_{th} mit der Fluenz-Verteilung $\Phi(r)$ berechnet werden, sodaß

$$\begin{aligned} \Phi_{th} &= \Phi(r) \\ &\overset{(5.1)}{=} \Phi_0 \cdot \exp\left(\frac{-2 \cdot r_{abl}^2}{w_0^2}\right) \\ \Leftrightarrow r_{abl} &= w_0 \cdot \sqrt{\frac{1}{2} \cdot \ln\left(\frac{\Phi_0}{\Phi_{th}}\right)} \quad . \end{aligned} \tag{5.10}$$

Die erreichbare Bohrtiefe kann durch Einsetzen der Gleichung 5.10 in Gleichung 5.9 bestimmt werden. Nach Umformung ergibt sich

$$\frac{z_{bohr}}{w_0} = \sqrt{\frac{\left(\frac{\eta_{abs}}{A}\right)^2 \cdot \Phi_0^2 - \Phi_{th}^2 \cdot \ln^2\left(\frac{\Phi_0}{\Phi_{th}}\right)}{2 \cdot \Phi_{th}^2 \cdot \ln\left(\frac{\Phi_0}{\Phi_{th}}\right)}} \quad . \tag{5.11}$$

Der Einkoppelgrad η_{abs} ist abhängig von der Pulsanzahl. Zu Beginn der Bohrung gilt $\eta_{abs} = A$, für tiefe Bohrungen gilt $\eta_{abs} \to 1$. Tatsächlich werden hohe Einkoppelgrade von $\eta_{abs} > 90\%$ bereits bei Aspektverhältnissen von 1:2 (für parallele Polarisation) und 1:4 (für senkrechte Polarisation) bei Bestrahlung einer dreieckigen Kapillare erreicht [116]. Da für Laserbohrprozesse meistens und insbesondere im Folgenden im experimentellen Vergleich zirkulare Polarisation verwendet wird, ist davon auszugehen, dass bereits bei einem Aspektverhältnis von 1:3 mehr als 90 % der einfallenden Energie im Bohrloch absorbiert wird. Entsprechend wird im Folgenden $\eta_{abs} := 1$ gesetzt.

In der vorangegangenen Betrachtung wurde angenommen, dass die gesamte eingestrahlte Energie auch in das Bohrloch trifft. Dies ist formal nicht der Fall, vor Allem, wenn niedrige Fluenzen benutzt werden und damit der Bohrlochradius in etwa dem Fokusradius des Laserstrahls entspricht. Der Anteil der in das Bohrloch einfallenden Pulsenergie kann berechnet werden, indem die gaußförmige Fluenzverteilung (vgl. Gl. 5.1) räumlich integriert wird, d.h.

$$\begin{aligned}
E_{Bohrloch} &= \int_0^{r_{abl}} \int_0^{2\pi} \Phi_0 \cdot \exp\left(\frac{-2 \cdot r^2}{w_0^2}\right) \cdot r \, dr \, d\phi \\
&= 2\pi \, \Phi_0 \cdot \left[-\frac{1}{4} \cdot w_0^2 \cdot \exp\left(\frac{-2 \cdot r^2}{w_0^2}\right)\right]_0^{r_{abl}} \\
&= \Phi_0 \cdot \frac{\pi}{2} \cdot w_0^2 \cdot \left(1 - \exp\left(\frac{-2 \cdot r_{abl}^2}{w_0^2}\right)\right) \\
&\overset{(5.1)}{=} E_P \cdot \left(1 - \frac{\Phi_{th}}{\Phi_0}\right) \\
\Leftrightarrow \frac{E_{Bohrloch}}{E_P} &= \left(1 - \frac{\Phi_{th}}{\Phi_0}\right)
\end{aligned}$$

Der Anteil an Energie, der in das Bohrloch fällt, geht also für hohe Fluenzen Φ_0 gegen den Wert der eingestrahlten Pulsenergie, d.h. $E_{Bohrloch} \to E_P$. Für die zehnfache Schwellfluenz liegt die Abweichung lediglich bei 10 %, für die hundertfache Schwellfluenz bereits bei unter 1 %. Nach Ergänzung der Gleichung 5.11 mit diesem Faktor ergibt sich

$$\frac{z_{bohr}}{w_0} = \sqrt{\frac{A^{-2} \cdot \left(1 - \frac{\Phi_{th}}{\Phi_0}\right)^2 \cdot \Phi_0^2 - \Phi_{th}^2 \cdot \ln^2\left(\frac{\Phi_0}{\Phi_{th}}\right)}{2 \cdot \Phi_{th}^2 \cdot \ln\left(\frac{\Phi_0}{\Phi_{th}}\right)}} \quad . \tag{5.12}$$

Das Verhältnis z_{bohr}/w_0 kann zum Vergleich verschiedener Perkussionsbohrungsexperimente herangezogen werden, solange die Ablationsschwelle Φ_{th} der bearbeiteten Materialien gleich ist. In Bild 5.4 sind für drei verschiedene Fokusradien w_0 bei einer Wellenlänge von 1064 nm bei einer der Pulswiederholrate von 5 kHz die aus dem Experiment bestimmten Werte von z_{bohr}/w_0 für Stahl 1.4301 (bzw. AlSi 304) gezeigt. Die oberen Fehlerbalken entsprechen dabei Plättchendicken, die nicht durchbohrt werden konnten, die unteren Fehlerbalken entsprechen Plättchendicken, die durchbohrt wurden.

Die Symbole selbst sind die aus beiden Werten abgeleiteten Mittelwerte. Das Ergebnis eines Bohrprozesses wurde als "nicht durchbohrt" definiert, wenn so viele Pulse applizert wurden, das jeder Puls genau eine Atomlage entfernt hätte. Dies entspricht einer Abtragsrate von 3 Å/Puls. Weniger als diese Atomlage kann nicht entfernt werden, sonst müssten die Atome einer solchen Lage gespalten werden, was physikalisch bei den verwendeten Intensitäten unmöglich ist. Ein Plättchen der Dicke 600 µm wurde somit als "nicht durchbohrt" definiert, wenn 2 Millionen Pulse nicht zum Durchbruch führten (entsprechend 400 Sekunden bzw. 6,7 Minuten Bohrzeit bei 5 kHz Pulswiederholrate). Die Dicke der Plättchen wurde in Schritten von 50 µm von 0,1 mm bis 1 mm variiert, für höhere Fluenzen wurden zudem die Dicken 1,5 mm und 2 mm verwendet. Letztere Dicken entsprechen in Bild 5.4 dann für einen Fokusradius von 13 µm den beiden höchsten z_{bohr}/w_0-Verhältnissen von 115 (oberer Fehlerbalken bei 60,2 J/cm²) und 154 (unterer Fehlerbalken bei 60,2 J/cm²). Die Realisierung der drei verschiedenen Fokusradien w_0

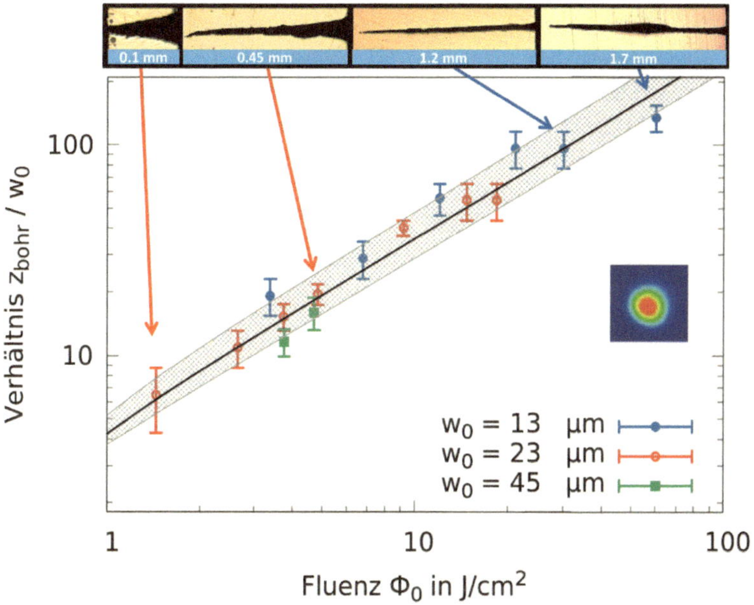

Bild 5.4: Vergleich der maximal erzielbaren Bohrtiefe z_{Bohr}, dividiert durch den Strahlradius w_0 im konischen Modell für A=0,3 und $\Phi_{th} = 0,35 \pm 0,10$ J/cm² (gefittet) bzw. $\Phi_{th,abs} = 0,10 \pm 0,03$ J/cm² mit experimentellen Daten, Parameter: f_{rep} = 5 kHz, Wellenlänge: 1064 nm, Polarisation: Zirkular, Pulsdauer: 10 ps, Material: Edelstahl St.1430 (AISI 304L)

von 13 µm, 23 µm sowie 45 µm erfolgte durch die Nutzung von drei verschiedenen Fokussierlinsen mit den Brennweiten 77 mm, 170 mm und 340 mm. Das verwendete gaußförmige Strahlprofil ist in Bild 5.4 rechts dargestellt.

Die durchgezogene Linie mit dem schraffierten Bereich in Bild 5.4 entspricht der Kurve nach Gleichung (5.12). Die Schwellfluenz ist hierbei der einzige freie Parameter und entspricht $\Phi_{th} = (0,35 \pm 0,10)$ J/cm² bzw. $\Phi_{th,abs} = (0,10 \pm 0,03)$ J/cm² bezogen auf die absorbierte Fluenz. Die Übereinstimmung von Modell und Experiment ist gegeben, woraus folgt, dass das Verhältnis von erreichbarer Bohrtiefe z_{bohr} zu Fokusradius w_0 sehr gut durch Gleichung (5.12) beschrieben werden kann. Die gefittete Schwellfluenz stimmt weiterhin gut mit Literaturdaten überein ($\Phi_{th,abs} = 0,05$ bis $0,15$ J/cm² [117–119]).

Ergänzend sind in Bild 5.4 einige Schliffbilder gezeigt. Die konische Form dominiert offensichtlich die Endgeometrie der Bohrungen. Bei Abweichungen von dieser Geometrie, z.B. bei 60 J/cm² (Schliffbild rechts), ist das Modell nicht uneingeschränkt geeignet, um die maximal erreichbare Bohrtiefe zu beschreiben. Stattdessen ist in diesem Fall die erreichbare Bohrtiefe etwas geringer als die im Modell vorhergesagte. Dies ist vermutlich auf ein partikelgezündetes Plasma zurückzuführen, welches bei hohen Fluenzen für die genutzte Pulsdauer von mehreren Pikosekunden auftreten kann [110,111]. Die Querschnittsfläche des Schliffes eines solchen Lochs ist dann größer als die eines konischen Lochs, da sich in der Mitte des Lochs eine Auswölbung bildet. Trotz dieser geometrischen Abweichung liegt das gemessene Aspektverhältnis nur unwesentlich außerhalb des prognostizierten Wertes. Gleichung 5.12 ist somit sehr gut zur Auslegung von Perkussionsbohrprozessen geeignet.

5.3 Auslegung von Perkussionsbohrprozessen

Im vorangegangenen Abschnitt wurde der Einfluss der Pulsenergie bzw. der Fluenz auf die erreichbare Bohrtiefe diskutiert. Die Prozesszeit spielte dabei keine Rolle, ist aber für die wirtschaftliche Nutzung der Ultrakurzpulslaser eine essentielle Größe. Die Beeinflussung der Bohrzeit von Perkussionsbohrprozessen ist im Wesentlichen über die Pulswiederholrate möglich. Prinzipiell ist eine Verkürzung der Prozesszeit durch eine Erhöhung der Pulswiederholrate und damit der Erhöhrung der Anzahl an Pulsen pro Zeiteinheit möglich. Die Anzahl an Pulsen pro Zeit kann aber nicht beliebig gesteigert werden, da Wärmeakkumulation auftritt [52,65,74,75,77,120–125]. Pro Puls verbleibt ein Anteil an Energie im Material, der in thermische Energie ("Residuumswärme") umgewandelt wird [78,80,122]. Wird in zu kurzer Zeit zu viel Energie eingebracht, treten

Effekte auf, welche die Bohrgeschwindigkeit direkt beeinflussen können und praktisch immer eine negative Auswirkung auf die Qualität der Bohrung haben. Dies betrifft beispielsweise die Rundheit der Bohrung und im Bohrloch verbleibende Schmelze. Letztere hat während des Bohrprozesses weitere negative Auswirkungen, wie beispielweise die Ausbildung von Seitenkanälen [70, 74, 124–129].

Im Folgenden wird anhand von theoretischen Herleitungen aus der Literatur skizziert, wie bei der Einschränkung von Prozessfenstern hinsichtlich der Pulswiederholrate bei Perkussionsbohrungen vorgegangen werden kann. Weber et al. geben für die dreidimensionale Wärmeleitung mit einer Punktquelle als Wärmequelle bei vorgegebener, maximal zulässiger Temperaturerhöhung die Beziehung

$$\Delta T_{max} \geq \frac{2,6 \cdot \eta_{res}}{\rho \cdot c_p \cdot (4 \cdot \pi \cdot D)^{3/2}} \cdot f_{rep}^{3/2} \cdot E_P \tag{5.13}$$

an [65]. ΔT_{max} entspricht der kritschen Temperatur, die nicht überschritten werden darf, ρ der Dichte, c_p der Wärmeleitfähigkeit, D der Diffusivität und η_{res} dem Residuumswärmekoeffizienten, der den Anteil an thermischer Energie angibt, der pro Laserpuls im Material verbleibt. Die kritische Temperatur, die immer qualitätsmindernde Effekte zur Folge hat, ist bei der Bearbeitung von Metall die Schmelztemperatur. Diese sowie weitere Materialdaten für Edelstahl, die im Folgenden verwendet werden, sind in Tabelle 5.2 gegeben. Ein Umformen der Gleichung 5.13 ergibt die Bedingung für die beiden wichtigen Prozessparameter Pulsenergie E_P und Pulswiederholrate f_{rep}, sodass

$$f_{rep}^{3/2} \cdot E_P \leq \frac{\Delta T_{max} \cdot \rho \cdot c_p \cdot (4 \cdot \pi \cdot D)^{3/2}}{2,6 \cdot \eta_{res}} \quad , \tag{5.14}$$

bzw. nach Einsetzen der Parameter (gegeben in Tabelle 5.2)

$$f_{rep}^{3/2} \cdot E_P \cdot \eta_{res} \lessapprox 92606 \cdot (\mathrm{kHz})^{3/2} \cdot \mu J \tag{5.15}$$

gilt. Für die Bewertung der Verwendbarkeit dieser Gleichung wurden Bohrversuche mit verschiedenen Kombinationen von Pulsenergie und Pulswiederholrate durchgeführt und nach dem Auftreten von Schmelze klassifiziert. In Bild 5.5 sind die entsprechenden Daten sowie die Funktion (5.15) für $\eta_{res} = 12.5\ \% \pm 3\ \%$ (rote Kurve, die gestrichelten Linien stellen die Abweichungen dar) in doppelt logarithmischer Darstellung abgebildet. Werte oberhalb dieser Kurve entsprechen Kombinationen von f_{rep} und E_P, bei welchen die Schmelztemperatur dauerhaft überschritten ist. Für Werte unterhalb dieser Kurve sind dementsprechend keine qualitätsmindernde Effekte zu erwarten. Zusätzlich wurden experimentelle Daten hinzugefügt, die auf eigene Experimente zurückgehen sowie

Tabelle 5.2: Verwendete Parameter für die Wärmeakkumulationsrechnung [65]

ρ	c_p	D	η_{res}	ΔT_{max}
$7900\ \frac{kg}{m^3}$	$477\ \frac{J}{kg\ K}$	$4 \cdot 10^{-6}\ \frac{m^2}{s}$	12.5%	1500 K

aus der Literatur entnommen sind. Grüne Punkte entsprechen Bohrungen, die keinerlei Auftreten von Schmelze zeigen, so wie beispielsweise die Eintrittsseiten der Bohrungen für die Pulswiederholraten 10 kHz und 30 kHz in Bild 5.6. Rote Punkte stellen Kombinationen von f_{rep} und E_P dar, welche Bohrungen mit eindeutigem Auftreten von Schmelze entsprechen (vgl. Bild 5.6, Pulswiederholrate 300 kHz). Gelbe Punkte entsprechen einem Übergangsbereich, so ist bei den Bohrungen aus [129] lediglich nach einem Schliff sowie anschließender Ätzung eine Wärmeeinflusszone erkennbar. Ebenso

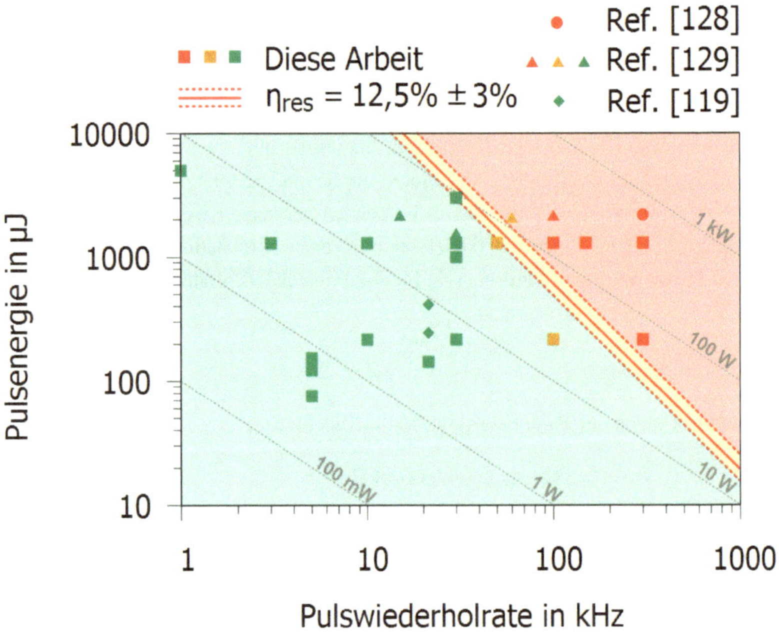

Bild 5.5: Farblich kodiertes Qualitätskriterium als Funktion der eingestrahlten Pulsenergie und Pulswiederholrate für Bohrungen mit Tiefen $\geq$ 1 mm; Grün: kein Auftreten von Schmelze, Rot: Auftreten von Schmelze; Orange: Zwischenbereich; Zusätzlich sind die mittleren Laserleistungen (gestrichelte Linien) sowie Gleichung (5.15) eingezeichnet.

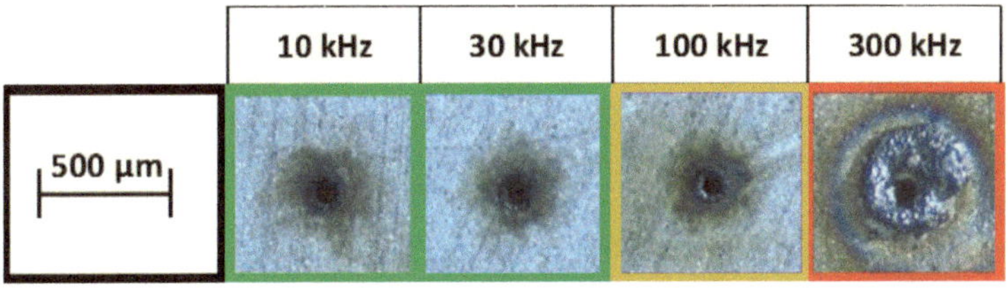

Bild 5.6: Bohrlocheintritte für unterschiedliche Pulswiederholraten; Material: Edelstahl; Materialstärke 1,5 mm; Pulsenergie: 215 µJ; Peakfluenz: 136 J/cm^2.

gestaltet sich die Einordnung hinsichtlich Gratbildung als schwierig, so wurde beispielsweise der Bohrlocheintritt für 100 kHz in Bild 5.6 im Übergangsbereich eingeordnet. Aus Bild 5.5 ist ersichtlich, dass Gleichung (5.15) zur Eingrenzung von Prozessfenstern beim Perkussionsbohren geeignet ist. Obwohl die Bohrlochgeometrie starken Veränderungen während des Bohrprozesses unterworfen ist, kann Gleichung 5.15, der lediglich eine einfache Punktquelle zugrunde liegt, für die Eingrenzung von Prozessfenstern genutzt werden. Weiterhin lässt sich aus Bild 5.5 ableiten, dass bei mittleren Leistungen von einigen 100 W keine Perkussionsbohrprozesse umgesetzt werden können, die ohne übermäßige Produktion von Schmelze auskommen.

Basierend auf den obigen und aus dem Abschnitt 5.2.2 gewonnenen Erkenntnissen ist folgendes Vorgehen zur Auslegung eines Perkussionsbohrprozesses in Edelstahl zielführend:

1. Berechnung der maximal erreichbaren Bohrtiefe nach Umstellen der Gleichung 5.12, basierend auf der verfügbaren Pulsenergie E_P, dem Absorptionsgrad A, der Abtragsschwelle Φ_{th} und dem verwendbaren Fokusradius w_0:

$$z_{bohr} = w_0 \cdot \sqrt{\frac{A^{-2} \cdot \left(1 - \frac{\pi \cdot w_0^2 \cdot \Phi_{th}}{2 \cdot E_P}\right)^2 \cdot \left(\frac{2 \cdot E_P}{\pi \cdot w_0^2 \cdot \Phi_{th}}\right)^2 - \ln^2\left(\frac{2 \cdot E_P}{\pi \cdot w_0^2 \cdot \Phi_{th}}\right)}{2 \cdot \ln\left(\frac{2 \cdot E_P}{\pi \cdot w_0^2 \cdot \Phi_{th}}\right)}} \quad . \tag{5.16}$$

2. Berechnung der maximal tolerierbaren Pulswiederholrate f_{rep} für die gegebene Pulsenergie E_P nach Umstellen der Gleichung 5.15:

$$f_{rep} = \left(\frac{740848}{E_P} \cdot \mu J\right)^{2/3} \text{kHz} \tag{5.17}$$

5.4 Perkussionsbohren tiefer Löcher bei hoher Qualität

Ausgehend von den Schlussfolgerungen aus dem vorangegangenem Abschnitt erfolgte die Auslegung eines Perkussionsbohrprozesses zur Erzeugung eines 10 mm tiefen Bohrlochs in Edelstahl ohne thermische Schädigung. Zur Verfügung stand ein am Institut für Strahlwerkzeuge gebauter Laser [49]. Die verfügbare Pulsenergie und die Pulswiederholrate betrugen 3 mJ bzw. 300 kHz. Teile dieses Abschnitts wurden bereits veröffentlicht [107].

Zur Auslegung des Bohrprozesses wurde das im vorherigen Abschnitt gezeigte Verfahren angewendet. Da die zur Verfügung stehende Pulsenergie, der Absorptionsgrad und die Abtragsschwelle bekannt sind, muss lediglich der zu nutzende Fokusradius bestimmt werden. Gleichung (5.16) ist in Bild 5.7 dargestellt.

Zudem ist die Materialstärke von 10 mm als gestrichelte schwarze Linie eingezeichnet. Die gewünschte Bohrtiefe wird bei Nutzung eines idealen Gaußprofils für einen Fokus-

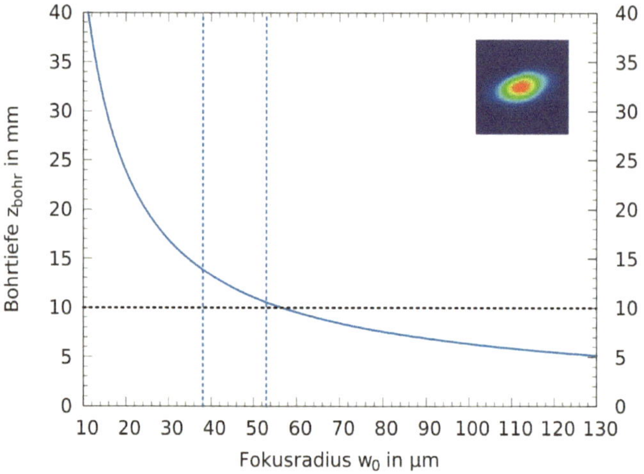

Bild 5.7: Bohrtiefe als Funktion des Fokusradius nach Gleichung 5.16 für $E_P = 3$ mJ. Das Strahlprofil des für die experimentelle Realisierung eingesetzen Lasers ist oben rechts dargestellt. Die horizontale, schwarze Linie entspricht der zu erreichenden Bohrtiefe $z = 10$ mm, die blauen senkrechten Linien entsprechen den kleinen und großen Halbachsen des Strahlprofils.

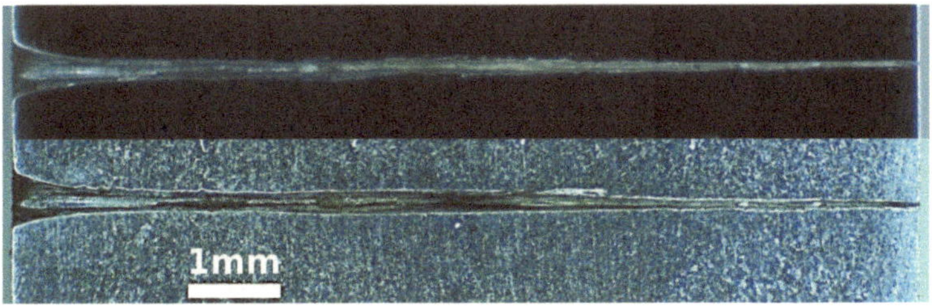

Bild 5.8: Aufpolierter Querschliff (oben) und geätzter Querschliff (unten) der mit den gewählten Parametern realisierten Bohrlochgeometrie in Edelstahl 1.4301.

radius von ≤ 56 µm erreicht. Das Strahlprofil des für die Experimente genutzten Lasers war elliptisch (vgl. Bild 5.7). Zur Fokussierung wurde eine Quarzlinse mit einer Brennweite von $f = 160$ mm verwendet, sodass das Profil im Fokus eine große Halbachse von 53 µm und eine kleine Halbachse von 38 µm hatte. Die Werte der Halbachsen sind als senkrechte blaue gestrichelte Linien zusätzlich in Bild 5.7 dargestellt.

Die nutzbare Pulswiederholrate kann nun nach Gleichung 5.17 bestimmt werden. Es ergibt sich für $E_P = 3$ mJ eine tolerierbare Pulswiederholrate von $f_{rep} = 30{,}9$ kHz. Entsprechend wurde die Pulswiederholrate des Lasersystems auf $f_{rep} = 30$ kHz reduziert.

Zwei Querschliffe des resultierenden Bohrlochs sind in Bild 5.8 gezeigt. Der Eintrittsdurchmesser (linke Seite im Bild) beträgt etwa 400 µm, der Austrittsdurchmesser 52 µm (rechte Seite im Bild). Das Aspektverhältnis der finalen Geometrie liegt somit bei 1:25 (bezogen auf den Eintrittsdurchmesser). Die unten dargestellte Geometrie wurde nach Adler (Mischung aus konzentrierter Salzsäure, Eisenchlorid und Ammoniumtetrachlorocuprat) geätzt und zeigt keine Gefügeveränderungen. Das Bohrloch ist komplett frei von Schmelze und kann durch einen Konus approximiert werden.

Es wurden 12,2 Millionen Pulse bis zum Durchbruch benötigt, was einer Durchbohrzeit von 6 Minuten und 48 Sekunden bei der verwendeten Pulswiederholrate von 30 kHz entspricht. Der mittlere Abtrag betrug etwa 820 pm bzw. 8,2 Å pro Puls und somit zwei bis drei Atomlagen pro Puls.

6 Energieumwandlung während des Tiefbohrprozesses

Im vorangegangenen Kapitel wurde der Einfluss der Pulsenergie bzw. der Fluenz sowie die Pulswiederholrate auf die erreichbare Bohrtiefe diskutiert. Für die wirtschaftliche Nutzung der Ultrakurzpulslaser ist die Pulswiederholrate eine essentielle Größe. Diese kann aber nicht beliebig gesteigert werden, da Wärmeakkumulation auftritt [52, 65, 74, 75, 77, 120–125]. Wie zuvor dargestellt bleibt pro Puls ein Anteil an Energie im Material, der in thermische Energie ("Residuumswärme") umgewandelt wird [78, 80, 122]. Um den Einfluss und die Höhe der im Bauteil verbleibenden thermischen Energie besser nachvollziehen zu können, wurde die in Abschnitt 5.2.1 vorgestellte Methode der Durchbohrzeitmessung mit kalorimetrischer Messung kombiniert.

Nach einer Einführung in die Kalorimetrie werden in den folgenden Abschnitten Messungen zur im Werkstück verbleibenden Energie während des Bohrprozesses vorgestellt und die Abhängigkeiten des sogenannten Residuumswärmekoeffizient von den Prozessparametern Energie, Pulswiederholrate und Pulsanzahl diskutiert.

6.1 Kalorimetrische Messung zur Bestimmung der Residuumswärme

Zur Untersuchung der in einem Bauteil verbleibenden Energie kann bei Metallen und generell Werkstoffen mit hoher thermischer Leitfähigkeit die kalorimetrische Messung angewandt werden. Der im Rahmen der im Folgenden beschriebenen Untersuchungen genutzte Versuchsaufbau ist in Bild 6.1 skizziert. Ein rundes Kupferscheibchen (gelb) wurde thermisch isoliert durch drei Kunststoffschrauben gehaltert. Eine vierte Kunststoffschraube wurde verwendet, um einen thermoelektrischen Messwiderstand (Temperatursensor PT 100, rot) auf der Unterseite des Kupfersubstrats zu fixieren. Dieser wurde mit Wärmeleitpaste kontaktiert, ebenso wie die zu untersuchende Probe (blau) auf der gegenüberliegenden Fläche des Kupfersubstrats. Die Halterung der Kunststoffschrauben erfolgte durch einen Zylinder aus Aluminium, der zudem um eine Achse senkrecht zur

Laserstrahlrichtung gedreht werden konnte. Diese Drehbewegung erlaubte es, den Absorptionsgrad einer Probe in Abhängigkeit vom Einfallswinkel der Strahlung zu messen. Dieses Verfahren wurde angewandt, um den Versuchsaufbau zu validieren.

Die Bestrahlung von Proben resultiert in einer Temperaturerhöhung, welche eine Änderung der am thermoelektrischen Messwiderstand PT 100 abfallenden Spannung zur Folge hat. Diese wurde durch ein Datenerfassungsmodul (ADLINK USB-2401) mit anschließender Auswertung durch Software in ein zeitabhängiges Messsignal der Temperatur umgewandelt. Die in dieser Arbeit verwendeten Messwerte wurden auf der Basis von Erwärmungen über Zeiträume von wenigen Sekunden bis zu wenigen Minuten erzeugt.

Eine Beispielmessung, welche die Erhöhung der Temperatur in Abhängigkeit von der Zeit zeigt, ist in Bild 6.2 wiedergegeben. Die Aufheizung der Probe fand über einen Zeitraum von 55 Sekunden statt. Dieser Zeitraum entspricht dem Bestrahlungsintervall t_B. Der Abfall der Temperatur als Funktion der Zeit ergibt sich zu

$$T(t) = A_1 \cdot e^{-\gamma\,(t-t_0)} \quad . \tag{6.1}$$

Der Zeitpunkt t_0 bezeichnet den Beginn des exponentiellen Abfalls, die Fitparameter A_1 und γ wurden durch kleinste-Quadrate Schätzung bestimmt. Zur Berechnung der Temperaturerhöhung wird angenommen, dass diese instantan zu dem Zeitpunkt stattfindet,

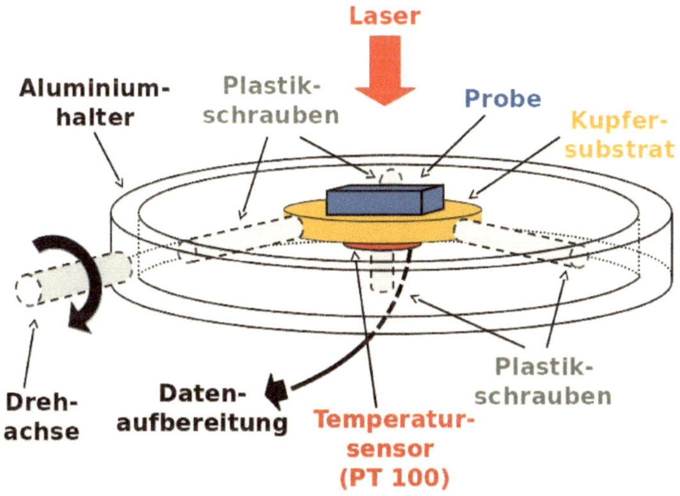

Bild 6.1: Kalorimetrischer Versuchsaufbau

bei dem die Hälfte der maximalen Temperaturerhöhung erreicht ist (Impulsverfahren nach Norm DIN EN ISO 11551 [130]). Hierzu wird die Funktion T(t) bis zu diesem Zeitpunkt extrapoliert (vgl. schwarze senkrechte Linie in Bild 6.2). Der Wert der Temperaturerhöhung ΔT ergibt sich zu

$$\Delta T = A_1 \cdot e^{-\gamma \left(-t_0 - \frac{t_B}{2}\right)} \quad . \tag{6.2}$$

Die eingebrachte Energie ΔE während der Bestrahlung wird berechnet, indem die Temperaturerhöhung ΔT in Bezug zur aufgeheizten Materialmenge gesetzt wird. Nach Norm DIN EN ISO 11551 [130] ergibt sich für die im Werkstück verbleibende Energie

$$E_{res} = \Delta T \cdot \gamma \cdot \frac{t_B}{2} \sinh\left(\gamma \cdot \frac{t_B}{2}\right) \cdot \sum_i c_{p,i} \cdot m_i \quad . \tag{6.3}$$

Hier bezeichnet der Index i die Anzahl an aufgeheizten Materialien mit den jeweiligen

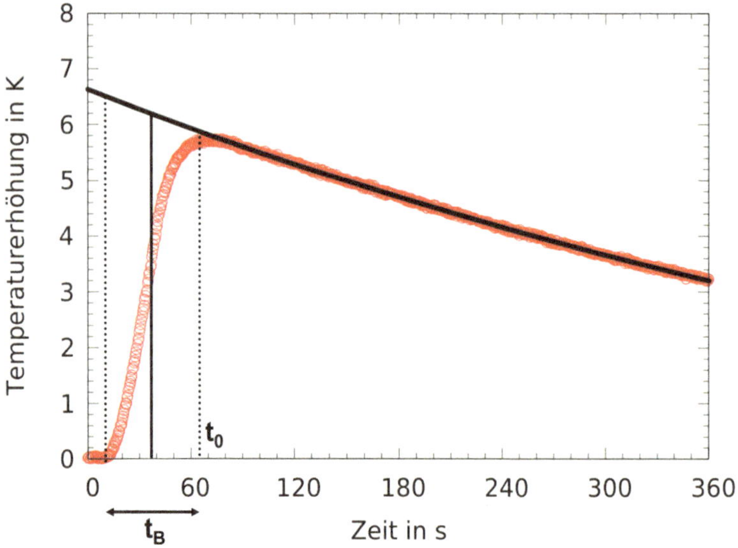

Bild 6.2: Temperaturerhöhung als Funktion der Zeit aus einer kalorimetrischen Messung. Die Messdaten sind als rote Punkte, der Fit nach Gl. 6.1 ist als schwarze Linie dargestellt. t_B entspricht dem Bestrahlungsintervall. Während dieser Zeit heizt der Laser die Probe auf. t_0 entspricht dem Zeitpunkt des exponentiellen Abfalls nach der Bestrahlung.

Wärmekapazitäten $C_{p,i}$ und Massen m_i. Wird nun der Anteil an im Bauteil verbleibender Energie E_{res} in Relation zur insgesamt eingestrahlten Laserenergie E_{in} gesetzt, ergibt sich der Anteil an im Bauteil verbleibender Wärme zu

$$\eta_{res} = \frac{E_{res}}{E_{in}} \quad . \tag{6.4}$$

In Anlehnung an die Literatur wird η_{res} im Folgenden als Residuumswärmekoeffizient bezeichnet [78–80]. Um die Anwendbarkeit der Messmethodik zu verifizieren, wurden Versuche mit Fluenzen unterhalb der Ablationsschwelle durchgeführt. Dadurch konnte der Absorptionsgrad verschiedener Metalloberflächen bestimmt und mit Literaturwerten verglichen werden. Die Ergebnisse sind in Anhang A.2 zusammengefasst.

Im Folgenden werden verschiedene Einflüsse von Versuchsparametern auf die im Werkstück verbleibende thermische Energie untersucht.

6.2 Residuumswärme in Abhängigkeit von Pulsanzahl und eingestrahlter Fluenz

Zur Bestimmung der im Werkstück verbleibenden Energie wurden kalorimetrische Messungen mit dem in Abschnitt 6.1 beschriebenen Versuchsaufbau durchgeführt. Hierzu wurde der Laserstrahl auf die Oberfläche des Werkstücks fokussiert und die Residuumswärme in Abhängigkeit von der Anzahl der eingestrahlten Laserpulse gemessen. Für hohe Pulsanzahlen (10^6 Pulse pro Bohrloch) reichte zur Messung der Residuumswärme eine einzelne Bohrung aus, da bei der verwendeten Pulswiederholrate von 30 kHz die Bohrdauer t_{Loch} einige 10 s betrug und der Temperaturanstieg im Bereich von einigen Kelvin lag. Um die Fehler pro Messung gering zu halten, muss ein Temperaturanstieg von dieser Größenordnung realisiert werden. Um die für die Kalorimetrie notwendige Temperaturerhöhung bei sehr kurzen Bohrzeiten zu erreichen, wurden hintereinander mehrere Bohrungen auf der Probe erzeugt. Dafür wurde ein Galvanometerscanner verwendet, sodass die Positionierzeit zwischen einzelnen Bohrungen nur wenige 100 µs betrug. Auf diese Weise war es möglich, auch für kürzere Bohrdauern t_{Loch} von wenigen Sekunden oder vielen Millisekunden pro einzelner Bohrung die Residuumswärme zu bestimmen. Die gesamte Einstrahlzeit t_{Laser} konnte aus den Scannerparametern berechnet werden und wurde durch Nutzung einer Photodiode und eines Oszilloskops verifiziert. Der Residuumswärmekoeffizient η_{res} für eine definierte Anzahl an Löchern N_{Loch} wurde bestimmt durch

$$\eta_{res} = \frac{E_{res}}{t_{Laser} \cdot P_{Laser}} \tag{6.5}$$

$$= \frac{E_{res}}{\sum_{i=1}^{N_{Loch}} t_{Loch} \cdot P_{Laser}} \quad ,$$

wobei P_{Laser} der Leistung des Lasers (gemessen mit einem Leistungsmesskopf) und t_{Laser} der tatsächlichen Bestrahlungszeit entspricht. Die Bestrahlungszeit t_{Laser} setzt sich wie oben beschrieben aus der Summe der Bohrdauern t_{Loch} der einzelnen Bohrlöcher zusammen.

Zunächst wird die Abhängigkeit des Residuumswärmekoeffizienten von der applizierten Anzahl an Pulsen und der Energie der Laserpulse betrachtet. In Bild 6.3 ist das Ergebnis einer Messung für eine konstante Pulswiederholrate von 30 kHz und zwei Energien bzw. Fluenzen gegeben. Eine Messung unter vollständiger Ausnutzung der Probenfläche mit den Maßen 25 mm x 25 mm war erst ab einer Pulsanzahl von 15 pro Bohrprozess bei ausreichend geringem Fehler möglich. Für eine Fluenz von 11 J/cm² bleibt der Residuumswärmekoeffizient bis zu einer Pulsanzahl von 350 etwa konstant bei (15 ± 3) %. Dann steigt dieser bis zur maximal verwendeten Pulsanzahl von 80.000 auf einen Wert

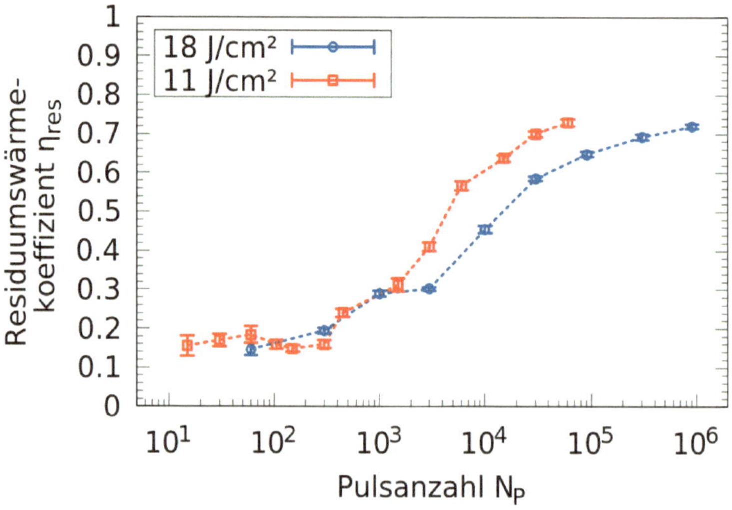

Bild 6.3: η_{res} in Abhängigkeit von Pulsanzahl und Pulsenergie, $f_{rep} = 30$ kHz

von (73 ± 1) % an. Grundsätzlich muss der Residuumswärmekoeffizient mit steigender Pulsanzahl ansteigen, da mit Zunahme der Bohrlochtiefe ein größerer Anteil der Fläche innerhalb des Bohrlochs mit einer Fluenz unterhalb der Ablationsschwelle bestrahlt wird. Da der Einkoppelgrad mindestens 30 % beträgt (entspricht dem Absorptionsgrad) und für tiefe Bohrlöcher gegen 100 % strebt, muss der Residuumskoeffizient steigen. Dies ist unabhängig von der genauen Verteilung der Fluenz innerhalb des Bohrlochs der Fall. Wie in Abschnitt 5.1 beschrieben beginnt der Tiefbohrprozess bei wenigen 100 bis 1000 Pulsen. Dies führt zum Einen zu einem Anstieg des Einkoppelgrades und zum Anderen zu einer Vergrößerung der bestrahlten Fläche innerhalb des Bohrlochs. Beide Effekte führen zu einem Ansteig des Residuumswärmekoeffizienten. Spätestens mit dem Erreichen eines Einkoppelgrades von 100 % dominiert der Effekt der Flächenvergrößerung während des Bohrprozesses, sodass der Residuumswärmekoeffizient η_{res} stark ansteigt und sich hohen Werten annähert (hier im Bereich von einigen zehntausend Pulsen). Für die höhere Fluenz von 18 J/cm² findet der Anstieg zu hohen Koeffizienten etwa 2000 Pulse später als im Vergleich zum Verhalten bei der niedrigeren Fluenz von 11 J/cm² statt, da vermutlich ein größerer Anteil der absorbierten Fluenz für einen längeren Zeitraum oberhalb der Schwellfluenz verbleibt.

Der dargestellte Verlauf ist in der Literatur für Kupfer, Silizium, Magnesium, Gold, Titan, Zinn und Aluminium belegt [78–80]. Grundsätzlich geht mit einer Erhöhung der Pulsanzahl für Fluenzen oberhalb der Abtragsschwelle eine Erhöhung des Residuumswärmekoeffizienten einher. Bei Edelstahl liegt der Residuumswärmekoeffizient bei den untersuchten Fluenzen zu Bohrbeginn und für einige hundert Pulse bei etwa 15 %. Mit steigender Pulsanzahl erhöht sich das Aspektverhältnis der Bohrung und damit deren Einkoppelgrad [116] sowie die bestrahlte Fläche des Bohrlochs. Als Resultat steigt der Residuumswärmekoeffizient. Für die untersuchten Fluenzen lag der höchste gemessene Residuumswärmekoeffizient bei Werten von etwa 70 % im Bereich von einigen 100.000 bis Millionen Pulsen.

6.3 Residuumswärme in Abhängigkeit von Bohrtiefe und Pulswiederholrate

Die Verminderung der Prozesszeit eines Laserbohrprozesses mit ultrakurzen Laserpulsen ist im Wesentlichen durch die Erhöhung der Pulswiederholrate möglich. In diesem Abschnitt wird deshalb der Residuumswärmekoeffizient in Abhängigkeit von Pulswiederholrate und Bohrtiefe betrachtet. Die Bestimmung des Residuumswärmekoeffizienten erfolgte wie im vorherigen Abschnitt beschrieben.

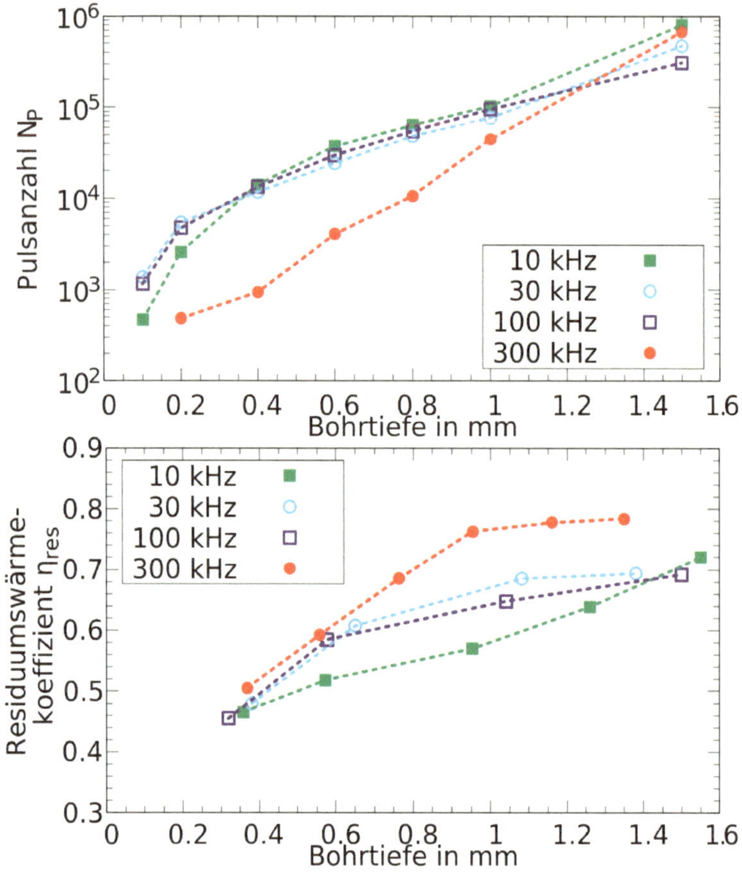

Bild 6.4: η_{res} (unten) und die zum Durchbohren benötigte Anzahl an Pulsen in Abhängigkeit von der Plättchendicke (oben). Peakfluenz: 136 J/cm^2; Pulsenergie: 215 µJ.

Die Ergebnisse sind in Bild 6.4 zusammengefasst. Gezeigt ist im oberen Bild die benötigte Pulsanzahl als Funktion der Bohrtiefe (gemessen über die durchbohrte Materialstärke, vgl. Abschnitt 5.2.1). Die Bohrtiefe in Bild 6.4 (oben) zeigt für die Repetitionsraten 10 kHz, 30 kHz und 100 kHz einen weitgehend logarithmischen Verlauf als Funktion der Pulsanzahl. Der Verlauf für 300 kHz unterscheidet sich stark von den Verläufen bei niedrigeren Pulswiederholraten. Offensichtlich werden bis zu einer Bohrtiefe von 1 mm deutlich weniger Pulse zum Durchbohren derselben Materialstärke benötigt als in den

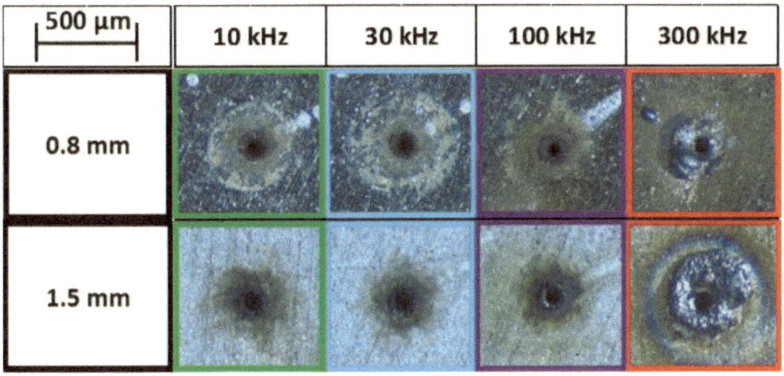

Bild 6.5: Typische Ansichten des Bohreintritts für in Bild 6.4 gegebene Parameter

anderen drei Fällen. Für eine Dicke von 1,5 mm ist die Anzahl an benötigten Pulsen zum Durchbohren bei 300 kHz jedoch fast so hoch wie für den Prozess mit 10 kHz Pulswiederholrate. Die korrespondierende Durchbohrzeit liegt für 10 kHz bei über 80 s, bei 300 kHz beträgt diese aufgrund der hohen Pulswiederholrate jedoch lediglich etwa 3 s, ebenso wie der Prozess bei 100 kHz. In Bild 6.5 sind die Oberflächen und damit die Eintrittsseiten der Bohrlöcher für Plättchen mit einer Dicke von 0,8 mm und 1,5 mm dargestellt. Während für niedrige Pulswiederholraten eine Gratbildung erst ab 100 kHz für die tiefste Bohrung auftritt, ist der Eintritt bei 300 kHz besäumt von wiederverfestigter Schmelze, die ein beträchtliches Volumen aufweist. Bei 1,5 mm tiefen Bohrungen ist sogar eine Wärmeeinflusszone durch Anlassfarben erkennbar, was bedeutet, dass das Material an der Oberfläche in einer kreisförmigen Ausdehnung von 250 µm Radius Temperaturen von einigen 100° Celsius erreicht hat. Dies ist dem Auftreten von Wärmeakkumulation zuzuschreiben. Folglich ist es zwar möglich, mit hohen Pulswiederholrate effizient und damit schnell zu bohren, dies findet jedoch zu Lasten der Bohrlochqualität statt.

In diesem Zusammenhang liegt die Betrachtung des Residuumswärmekoeffizienten η_{res} nahe. In Bild 6.4 ist dieser ebenfalls als Funktion der Bohrtiefe dargestellt. Die Fehlerbalken sind kleiner als die Ausdehnung der Punkte, weshalb sie nicht dargestellt sind. Mit steigender Bohrtiefe bzw. Plättchendicke steigt der Residuumswärmekoeffizient für alle Pulswiederholraten an. Für die kleinste Plättchendicke von 0,3 mm ist η_{res} für alle Pulswiederholraten identisch und liegt bei 50 %. Für die niedrigste Pulswiederholrate von 10 kHz zeigt sich ein nahezu linearer Trend von η_{res}. Für eine Plättchendicke von etwa 1,4 mm ist der Residuumswärmekoeffizient für 10 kHz, 30 kHz und 100 kHz praktisch identisch und liegt bei $\eta_{res} \approx 70$ %. Die größte Abweichung von η_{res} ergibt sich bei einer Bohrtiefe von etwa 1 mm für die Pulswiederholraten 10 kHz und 300 kHz. Während des Bohrprozesses bei einer Pulswiederholrate von 10 kHz verbleibt 25 % weniger Wärme im Material als beim Bohrprozess mit einer Pulswiederholrate von 300 kHz.

6.4 Betrachtung der Residuumswärme während des Laserbohrprozesses

Vor dem Hintergrund der in den vorigen Abschnitten diskutierten Ergebnisse gibt es eine Diskrepanz hinsichtlich der gemessenen Werte von 17 % bis 70 % des Residuumswärmekoeffizienten im Vergleich zu den offensichtlich über einen weiten Bereich zur phänomenologischen Beschreibung von Perkussionsbohrprozessen nutzbaren Wert von 12,5 % (vgl. Abschnitt 5.3). Während die Werte zu Beginn des Perkussionsbohrprozesses nahe beieinanderliegen, sind diese für hohe Pulsanzahlen zunächst nicht in Einklang zu bringen. Eine mögliche Erklärung kann bei näherer Betrachtung der Veränderung der Bohrgeometrie (vgl. Bild 6.6) gegeben werden.

Bohrbeginn Zu Beginn der Bohrung sind parabolische Krater die vorherrschende Geometrie. Die absorbierte Menge an Energie ist durch den Absorptionsgrad bestimmt. η_{res} liegt bei für Edelstahl im infraroten Wellenlängenbereich etwa 17 %.

Übergang Mit dem Einsetzen von multiplen Reflektionen steigt der Anteil an absorbierter Energie. Ein Teil der Bohrlochinnenfläche wird mit Fluenzen unterhalb der Abtragsschwelle bestrahlt. In solchen Bereichen wird 100 % der eingekoppelten Energie in Wärme umgewandelt, wodurch sich die Residuumswärme insgesamt erhöht.

Tiefbohrprozess Der Einkoppelgrad liegt bei 100 %. In der Spitze der Bohrung finden Abtragsprozesse statt, welche die Bohrung weiter vorantreiben und weiterhin Residuumswärme in der Größenordnung von 17 % einbringen. Ein Großteil der Bohrlochinnenfläche wird mit Fluenzen unterhalb der Abtragsschwelle bestrahlt, womit η_{res} dort 100 % beträgt.

Bohrabbruch Ist die Bohrtiefe erreicht, bei der kein weiterer Bohrfortschritt stattfindet, liegen alle Bereiche innerhalb des Bohrlochs unterhalb der Abtragsschwelle. In diesem Fall wird 100 % der eingekoppelten Energie in Residuumswärme umgewandelt. Damit liegt der Residuumswärmekoeffizient überall in der Bohrung bei 100 %.

Vor dem Hintergrund, dass zur Auslegung von Perkussionsbohrprozessen der Wert des Residummswärmekoeffizienten η_{res} von 12,5 % für unterschiedliche Bohrtiefen, Pulswiederholraten und Pulsenergien herangezogen werden kann (vgl. Abschnitt 5.3), ist es wahrscheinlich, dass lediglich die in der Bohrspitze eingebrachte Residuumswärme für das Auftreten von Schmelze verantwortlich ist.

Diese Beschreibung der während des Perkussionsbohrprozesses stattfindenden Energieumwandlungsprozesse liegt aufgrund der vorliegenden Daten zumindest für niedrige Pulswiederholraten nahe. Es ist aber wahrscheinlich, dass zahlreiche weitere Effekte auftreten, die die gemessenen Werte des Residuumswärmekoeffizienten η_{res} beeinflussen. Beispielsweise trägt die bei höheren Pulswiederholraten auftretende Schmelze sicherlich zu einem erhöhten Residuumswärmekoeffizienten bei. Hier besteht weiterer Forschungsbedarf.

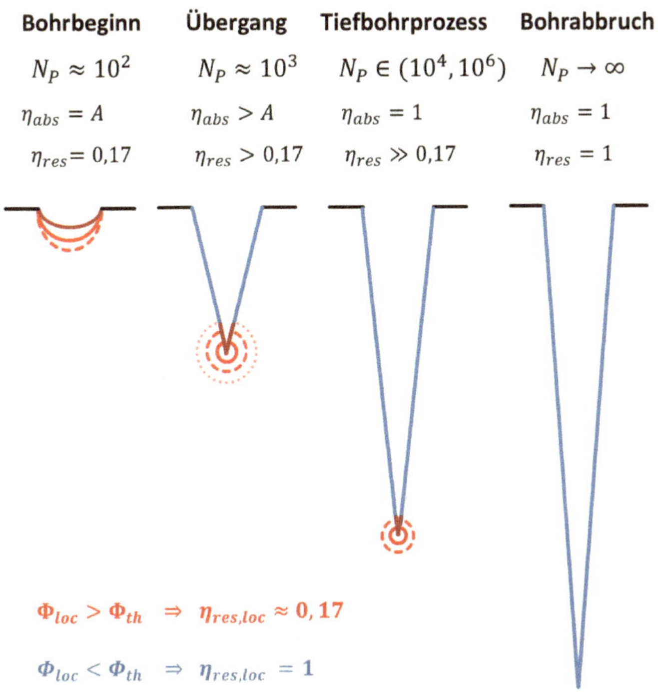

Bild 6.6: Während des Perkussionsbohrprozesses auftretende Bohrgeometrien in Abhängigkeit von der Anzahl an applizierten Laserpulsen. Es wird davon ausgegangen, dass η_{res} in Bereichen, bei denen die Fluenz die Abtragsschwelle übersteigt (rot), bei etwa 0,17 % liegt. In den Bereichen, in denen die Abtragsschwelle unterschritten wird (blau), liegt η_{res} bei 100 %.

7 Zusammenfassung und Ausblick

Die Erweiterung von Prozessgrenzen ist nur bei hinreichendem Verständnis der zugrundeliegenden physikalischen Prozesse möglich. In dieser Arbeit stand die Vertiefung des Verständnisses der Einkopplung von Laserenergie und deren Umwandlung bei der Bearbeitung von Metallen mit ultrakurzen Laserpulsen im Vordergrund.

Explizit wurden drei Aspekte untersucht:

1. Die zeitabhängige Einkopplung von Strahlung an Metalloberflächen auf der ultrakurzen Zeitskala im Bereich der Pulsdauer,
2. die zeitaufgelöste Beschreibung der Interaktion von ultrakurzen Einzel-, Doppel- und Tripelpulsen mit Metalloberflächen und
3. die Herleitung eines analytischen Modells zur Vorhersage der erreichbaren Bohrtiefe sowie Untersuchungen zur Energieeinbringung während des Mikrobohrens von Edelstahl.

Die zeitabhängige Einkopplung von Strahlung während eines Pulses sowie einige Pikosekunden danach wurde mithilfe eines hydrodynamischen Codes simuliert und mit experimentellen Daten abgeglichen. Es zeigte sich, dass der Absorptionsgrad während der Bestrahlung auf der ultrakurzen Zeitskala im Bereich der Pulsdauer ansteigt bzw. der Reflektionsgrad sinkt. Dies ist auf verschiedene mikroskopische Prozesse zurückzuführen. Der Laserpuls erhöht zunächst die Energie des elektronischen Systems, welche durch Elektron-Phonon Kopplung auf das Atomgitter übertragen wird. Die Angleichung der Elektronen- und Gittertemperatur erfolgt in einem Zeitraum von wenigen Pikosekunden. Der Anstieg beider Temperaturen hat zur Folge, dass der Imaginärteil k des Brechungsindex absinkt und der Realteil n ansteigt. Beides resultiert in einem Anstieg des Absorptionsgrads. Dabei gilt, dass der Absorptionsgrad mit höherer Fluenz ansteigt. Für die höchste betrachtete Fluenz, welche der 2,5-fachen Abtragsschwelle entsprach, stieg der Absorptionsgrad von 9,7 % auf 15,9 % an.

Zur zeitaufgelösten Beschreibung der Interaktion von ultrakurzen Einzel-, Doppel- und Tripelpulsen mit einer Kupferoberfläche wurde die Schattenfotografie als experimentelle Methode verwendet. Dabei konnte die Modellvorstellung erhärtet werden, dass das von einem ersten Puls ablatierte Material durch einen 12 Nanosekunden später nachfolgenden Puls teilweise wieder redeponiert werden kann und netto weniger Abtrag im Vergleich zum Einzelpulsabtrag stattfindet. Dieser Redepositionseffekt bei Doppelpulsen ist bei der Prozessauslegung zu berücksichtigen. Die Applikation eines dritten Pulses nach derselben Zeitspanne resultiert wiederum in einem erhöhten abgetragenen Volumen im Vergleich zu drei einzelnen Pulsen, die viele Mikrosekunden auseinanderliegen. Dies ist vermutlich auf die erhöhte Absorption der mit redeponiertem Material beaufschlagten und damit wärmeren Metalloberfläche zurückzuführen. Hier besteht weiterer Forschungsbedarf.

Zur theoretischen Auslegung von Perkussionsbohrprozessen wurden eine Formel für den Übergang zum Tiefbohrprozess und eine Formel für die erreichbare Bohrtiefe hergeleitet. Diese wurden experimentell validiert. Der Tiefbohrprozess setzt in Abhängigkeit von der eingestrahlten Fluenz bei wenigen hundert bis einigen tausend Laserpulsen ein. Die erreichbare Bohrtiefe im Tiefbohrprozess ist im Wesentlichen durch die eingestrahlte Fluenz beschränkt. Das hergeleitete analytische Modell ist für einen großen Fluenzbereich und insbesondere verschiedene Fokusdurchmesser gültig.
Weiterhin kann mithilfe einer Formel aus der Literatur die maximal verwendbare Pulswiederholrate unter Vermeidung von Schmelze berechnet werden, um Prozessfenster beim Perkussionsbohren eingrenzen zu können. Obwohl die Lochgeometrie während des Perkussionsbohrprozesses starken Veränderungen unterworfen ist, kann zur Bestimmung der maximal verwendbaren Pulswiederholrate bei gegebener Pulsenergie eine Gleichung, der eine einfache Punktquelle zugrunde liegt, verwendet werden. Dies wurde ebenfalls experimentell validiert.
Die praktische Anwendbarkeit dieser Formeln konnte exemplarisch an einer 10 mm tiefen Bohrung demonstriert werden.

Weiterhin wurde die Abhängigkeit des Residuumswärmekoeffizienten η_{res} von verschiedenen Prozessparametern untersucht. Es stellte sich heraus, dass zu Beginn eines Bohrprozesses, insbesondere vor dem Ausbilden eines Bohrlochs in Stahl mit hohem Aspektverhältnis etwa 17 % der eingestrahlten Energie als thermische Energie im Bauteil verbleiben. Mit dem Beginn des Tiefbohrprozesses steigt der Anteil an Residuumswärme an. Bei der Ausbildung von Geometrien mit hohem Aspektverhältnis nähert sich dieser dem Wert 100 % an. Dabei erreicht η_{res} Werte von über 70 % für Pulswiederholraten von einigen 100 kHz bereits bei wenigen tausend Pulsen, während dies für Pulswiederholraten von wenigen kHz erst bei einigen hunderttausend Pulsen der Fall ist. Für höhere Pulswiederholraten geht der Bohrprozess mit der Produktion von viel Schmelze einher, was zum Einen aufgrund von Schmelzeaustrieb die Bohrgeschwindigkeit erhöht, zum Anderen aber negative Auswirkungen auf die Bohrlochqualität hat.

Literaturverzeichnis

[1] SPECTARIS-SPOTLIGHT: *Photonics*. Facts and Data on a Key Technology, Spectaris e.V., Berlin (2017).

[2] TECHNAVIO: *Global Laser Market 2017-2021*. TechNavio report, London (2017).

[3] PHOTONICS21: *Market Data and Industry Report 2020*. VDI Technologiezentrum GmbH (2021).

[4] WELLS, H.: *The War of the Worlds, Nueva York*. Harper & Brothers, 1898.

[5] TOLSTOY, A. N.: *The Hyperboloid of Engineer Garin*. Methuen Publishing, 1936.

[6] SMITH, E. E.: *Skylark of Valeron*. Fantasy Press, 1949.

[7] MAHR, K.: *Mutanten im Einsatz*. Perry Rhodan-Heftserie Band 11, Pabel-Moewig Verlag, 1961.

[8] NOWLAN, P. F.: *Armageddon—2419 A.D.* Amazing Stories, 1928.

[9] SERVISS, G. P.: *Edison's Conquest of Mars*. Carcosa House, 1947.

[10] MAHR, K.: *Die Venusbasis*. Perry Rhodan-Heftserie Band 8, Pabel-Moewig Verlag, 1961.

[11] FANNING, W. J.: *The Historical Death Ray and Science Fiction in the 1920s and 1930s*. Science Fiction Studies **37** (2010) Nr. 2, S. 253–274.

[12] PROKHOROV, A.; KONOV, V.; URSU, I.; MIHAILESCU, I. N.: *Laser heating of Metals. The Adam Hilger series in Optics and Optoelectronics*. 1990.

[13] HÜGEL, H.: *Laser für die Materialbearbeitung*. Strahlwerkzeug Laser: Eine Einführung (1992), S. 123–176.

[14] BÄUERLE, D. W.: *Laser processing and chemistry*. Springer Science & Business Media, 2013.

[15] CHICHKOV, B. N.; MOMMA, C.; NOLTE, S.; VON ALVENSLEBEN, F.; TÜNNERMANN, A.: *Femtosecond, picosecond and nanosecond laser ablation of solids*. Appl. Phys. A **63** (1996) Nr. 2, S. 109–115.

[16] NOLTE, S.; MOMMA, C.; JACOBS, H.; TÜNNERMANN, A.; CHICHKOV, B. N.; WELLEGEHAUSEN, B.; WELLING, H.: *Ablation of metals by ultrashort laser pulses*. J. Opt. Soc. Am. B **14** (Oct 1997) Nr. 10, S. 2716–2722.

[17] PEREZ, D.; LEWIS, L. J.: *Ablation of solids under femtosecond laser pulses*. Physical review letters **89** (2002) Nr. 25, S. 255504.

[18] LORAZO, P.; LEWIS, L. J.; MEUNIER, M.: *Short-pulse laser ablation of solids: from phase explosion to fragmentation.* Physical review letters **91** (2003) Nr. 22, S. 225502.

[19] ITINA, T.; VIDAL, F.; DELAPORTE, P.; SENTIS, M.: *Numerical study of ultra-short laser ablation of metals and of laser plume dynamics.* Appl. Phys. A **79** (Sep 2004) Nr. 4, S. 1089–1092.

[20] BULGAKOVA, N.; BULGAKOV, A.: *Pulsed laser ablation of solids: transition from normal vaporization to phase explosion.* Applied Physics A: Materials Science & Processing **73** (2001) Nr. 2, S. 199–208.

[21] SOKOLOWSKI-TINTEN, K.; BIALKOWSKI, J.; CAVALLERI, A.; VON DER LINDE, D.; OPARIN, A.; MEYER-TER VEHN, J.; ANISIMOV, S.: *Transient states of matter during short pulse laser ablation.* Phys. Rev. Lett. **81** (1998) Nr. 1, S. 224.

[22] ANISIMOV, S.; INOGAMOV, N.; OPARIN, A.; RETHFELD, B.; YABE, T.; OGAWA, M.; FORTOV, V.: *Pulsed laser evaporation: equation-of-state effects.* Appl. Phys. A **69** (Dec 1999) Nr. 6, S. 617–620.

[23] VON DER LINDE, D.; SOKOLOWSKI-TINTEN, K.: *The physical mechanisms of short-pulse laser ablation.* Appl. Surf. Science **154** (2000), S. 1 – 10.

[24] ATANASOV, P.; NEDIALKOV, N.; IMAMOVA, S.; RUF, A.; HÜGEL, H.; DAUSINGER, F.; BERGER, P.: *Laser ablation of Ni by ultrashort pulses: molecular dynamics simulation.* Applied surface science **186** (2002) Nr. 1-4, S. 369–373.

[25] IVANOV, D. S.; ZHIGILEI, L. V.: *Combined atomistic-continuum modeling of short-pulse laser melting and disintegration of metal films.* Phys. Rev. B **68** (2003) Nr. 6, S. 064114.

[26] SONNTAG, S.; ROTH, J.; GAEHLER, F.; TREBIN, H.-R.: *Femtosecond laser ablation of aluminium.* Appl. Surf. Science **255** (2009) Nr. 24, S. 9742–9744.

[27] WU, C.; ZHIGILEI, L. V.: *Microscopic mechanisms of laser spallation and ablation of metal targets from large-scale molecular dynamics simulations.* Appl. Phys. A **114** (2014) Nr. 1, S. 11–32.

[28] POVARNITSYN, M. E.; FOKIN, V. B.; LEVASHOV, P. R.; ITINA, T. E.: *Molecular dynamics simulation of subpicosecond double-pulse laser ablation of metals.* Phys. Rev. B **92** (Nov 2015), S. 174104.

[29] FOKIN, V. B.; POVARNITSYN, M. E.; LEVASHOV, P. R.: *Simulation of ablation and plume dynamics under femtosecond double-pulse laser irradiation of aluminum: Comparison of atomistic and continual approaches.* Appl. Surf. Science **396** (2017), S. 1802–1807.

[30] FOUMANI, A. A.; FÖRSTER, D. J.; GHORBANFEKR, H.; WEBER, R.; GRAF, T.; NIKNAM, A. R.: *Atomistic simulation of ultra-short pulsed laser ablation of metals with single and double pulses: An investigation of the re-deposition*

phenomenon. Appl. Surf. Science **537** (2021), S. 147775.

[31] GAMALY, E. G.: *Femtosecond Laser-Matter Interaction: Theory, Experiments and Applications*. CRC Press, 2011.

[32] JAEGGI, B.; NEUENSCHWANDER, B.; SCHMID, M.; MURALT, M.; ZUERCHER, J.; HUNZIKER, U.: *Influence of the Pulse Duration in the ps-Regime on the Ablation Efficiency of Metals*. Physics Procedia **12** (2011), S. 164 – 171, lasers in Manufacturing 2011 - Proceedings of the Sixth International WLT Conference on Lasers in Manufacturing.

[33] BOUGUER, P.: *Essai d'optique sur la gradation de la lumière*. chez Claude Jombert, ruë S. Jacques, au coin de la ruë des Mathurins, à l'Image Notre-Dame, 1729.

[34] LAMBERT, J. H.: *Photometria sive de mensura et gradibus luminis, colorum et umbrae*. Klett, 1760.

[35] BEER, A.: *Bestimmung der Absorption des rothen Lichts in farbigen Flüssigkeiten*. Ann. Physik **162** (1852), S. 78–88.

[36] BORN, M.; WOLF, E.: *Principles of Optics: Electromagnetic Theory of Propagation, Interference and Diffaction of Light*. Pergamon Press, 1959.

[37] DEMTRÖDER, W.: *Experimentalphysik 2*. Elektrizität und Optik, Kapitel **10** (1995).

[38] DRUDE, P.: *Zur Elektronentheorie der Metalle*. Annalen der Physik **306** (1900) Nr. 3, S. 566–613.

[39] DRUDE, P.: *Optische Eigenschaften und Elektronentheorie*. Annalen der Physik **319** (1904) Nr. 10, S. 936–961.

[40] GALL, D.: *Electron mean free path in elemental metals*. J. Appl. Phys. **119** (2016) Nr. 8, S. 085101.

[41] FOX, M.: *Optical properties of solids. Oxford master series in condensed matter physics*. 2001.

[42] POVARNITSYN, M. E.; ANDREEV, N. E.; APFELBAUM, E. M.; ITINA, T. E.; KHISHCHENKO, K. V.; KOSTENKO, O. F.; LEVASHOV, P. R.; VEYSMAN, M. E.: *A wide-range model for simulation of pump-probe experiments with metals*. Appl. Surf. Science **258** (2012) Nr. 23, S. 9480 – 9483, eMRS 2011 Spring Symp J: Laser Materials Processing for Micro and Nano Applications.

[43] PRICE, D. F.; MORE, R. M.; WALLING, R. S.; GUETHLEIN, G.; SHEPHERD, R. L.; STEWART, R. E.; WHITE, W. E.: *Absorption of Ultrashort Laser Pulses by Solid Targets Heated Rapidly to Temperatures 1–1000 eV*. Phys. Rev. Lett. **75** (Jul 1995), S. 252–255.

[44] WIDMANN, K.; GUETHLEIN, G.; FOORD, M.; CAUBLE, R.; PATTERSON, F.; PRICE, D.; ROGERS, F.; SPRINGER, P.; STEWART, R.; NG, A.; ET AL.: *Inter-*

ferometric investigation of femtosecond laser-heated expanded states. Physics of Plasmas **8** (2001) Nr. 9, S. 3869–3872.

[45] RAPP, S.; KAISER, M.; SCHMIDT, M.; HUBER, H. P.: *Ultrafast pump-probe ellipsometry setup for the measurement of transient optical properties during laser ablation*. Optics express **24** (2016) Nr. 16, S. 17572–17592.

[46] POVARNITSYN, M.; ANDREEV, N.; LEVASHOV, P.; KHISHCHENKO, K.; ROSMEJ, O.: *Dynamics of thin metal foils irradiated by moderate-contrast high-intensity laser beams*. Physics of Plasmas **19** (2012) Nr. 2, S. 023110.

[47] RUSSBUELDT, P.; MANS, T.; WEITENBERG, J.; HOFFMANN, H.; POPRAWE, R.: *Compact diode-pumped 1.1 kW Yb: YAG Innoslab femtosecond amplifier*. Optics letters **35** (2010) Nr. 24, S. 4169–4171.

[48] MÜLLER, M.; ALESHIRE, C.; KLENKE, A.; HADDAD, E.; LÉGARÉ, F.; TÜNNERMANN, A.; LIMPERT, J.: *10.4 kW coherently combined ultrafast fiber laser*. Optics Letters **45** (2020) Nr. 11, S. 3083–3086.

[49] NEGEL, J.-P.; VOSS, A.; AHMED, M. A.; BAUER, D.; SUTTER, D.; KILLI, A.; GRAF, T.: *1.1 kW average output power from a thin-disk multipass amplifier for ultrashort laser pulses*. Optics letters **38** (2013) Nr. 24, S. 5442–5445.

[50] NEGEL, J.-P.; LOESCHER, A.; VOSS, A.; BAUER, D.; SUTTER, D.; KILLI, A.; AHMED, M. A.; GRAF, T.: *Ultrafast thin-disk multipass laser amplifier delivering 1.4 kW (4.7 mJ, 1030 nm) average power converted to 820 W at 515 nm and 234 W at 343 nm*. Opt. Express **23** (Aug 2015) Nr. 16, S. 21064–21077.

[51] NEGEL, J.-P.; LOESCHER, A.; BAUER, D.; SUTTER, D.; KILLI, A.; AHMED, M. A.; GRAF, T.: *Second Generation Thin-Disk Multipass Amplifier Delivering Picosecond Pulses with 2 kW of Average Output Power*. In: Lasers Congress 2016 (ASSL, LSC, LAC). Optical Society of America, 2016, S. ATu4A.5.

[52] NEUENSCHWANDER, B.; KRAMER, T.; LAUER, B.; JAEGGI, B.: *Burst mode with ps- and fs-pulses: Influence on the removal rate, surface quality, and heat accumulation*. Proc. SPIE **9350** (2015), S. 93500U–93500U–14.

[53] SEMEROK, A.; DUTOUQUET, C.: *Ultrashort double pulse laser ablation of metals*. Thin Solid Films **453** (2004), S. 501 – 505, proceedings of Symposium H on Photonic Processing of Surfaces, Thin Films and Devices, of the E-MRS 2003 Spring Conference.

[54] DONNELLY, T.; LUNNEY, J. G.; AMORUSO, S.; BRUZZESE, R.; WANG, X.; NI, X.: *Double pulse ultrafast laser ablation of nickel in vacuum*. J. Appl. Phys. **106** (2009) Nr. 1, S. 013304.

[55] POVARNITSYN, M. E.; ITINA, T. E.; KHISHCHENKO, K. V.; LEVASHOV, P. R.: *Suppression of Ablation in Femtosecond Double-Pulse Experiments*. Phys. Rev. Lett. **103** (Nov 2009), S. 195002.

[56] POVARNITSYN, M. E.; ITINA, T. E.; LEVASHOV, P. R.; KHISHCHENKO, K. V.: *Simulation of ultrashort double-pulse laser ablation*. Appl. Surf. Science **257** (2011) Nr. 12, S. 5168 – 5171, e-MRS 2010 Spring Meeting Symposium R. "Laser Processing and Diagnostics for Micro and Nano Applications".

[57] ROBERTS, D.; DU PLESSIS, A.; BOTHA, L.: *Femtosecond laser ablation of silver foil with single and double pulses*. Appl. Surf. Science **256** (2010) Nr. 6, S. 1784 – 1792.

[58] HARTMANN, C. A.; FEHR, T.; BRAJDIC, M.; GILLNER, A.: *Investigation on laser micro ablation of steel using short and ultrashort IR multipulses*. JLMN-Journal of Laser Micro/Nanoengineering **2** (2007) Nr. 1, S. 44–48.

[59] HU, W.; SHIN, Y. C.; KING, G.: *Modeling of multi-burst mode pico-second laser ablation for improved material removal rate*. Appl. Phys. A **98** (2009) Nr. 2, S. 407.

[60] PEREZ, D.; BÉLAND, L. K.; DERYNG, D.; LEWIS, L. J.; MEUNIER, M.: *Numerical study of the thermal ablation of wet solids by ultrashort laser pulses*. Phys. Rev. B **77** (Jan 2008), S. 014108.

[61] MILDNER, J.; SARPE, C.; GÖTTE, N.; WOLLENHAUPT, M.; BAUMERT, T.: *Emission signal enhancement of laser ablation of metals (aluminum and titanium) by time delayed femtosecond double pulses from femtoseconds to nanoseconds*. Appl. Surf. Science **302** (2014), S. 291–298.

[62] DAUSINGER, F.; ABELN, T.; BREITLING, D.; RADTKE, J.; KONOV, V.; GARNOV, S.; KLIMENTOV, S.; KONONENKO, T.; TSARKOVA, O.: *Drilling of ceramics with short-pulsed solid-state lasers*. LaserOpto **31** (1999) Nr. 3, S. 78–85.

[63] DÖRING, S.; RICHTER, S.; NOLTE, S.; TÜNNERMANN, A.: *In situ imaging of hole shape evolution in ultrashort pulse laser drilling*. Opt. Express **18** (Sep 2010) Nr. 19, S. 20395–20400.

[64] BREITLING, D.; RUF, A.; DAUSINGER, F.: *Fundamental aspects in machining of metals with short and ultrashort laser pulses*. In: Proceedings of SPIE. 2004, S. 49–63.

[65] WEBER, R.; GRAF, T.; BERGER, P.; ONUSEIT, V.; WIEDENMANN, M.; FREITAG, C.; FEUER, A.: *Heat accumulation during pulsed laser materials processing*. Opt. Express **22** (May 2014) Nr. 9, S. 11312–11324.

[66] WYNNE, A.; STUART, B.: *Rate dependence of short-pulse laser ablation of metals in air and vacuum*. Applied physics A **76** (2003) Nr. 3, S. 373–378.

[67] KIRKWOOD, S. V.; VAN POPTA, A.; TSUI, Y.; FEDOSEJEVS, R.: *Single and multiple shot near-infrared femtosecond laser pulse ablation thresholds of copper*. Appl. Phys. A **81** (2005) Nr. 4, S. 729–735.

[68] NEUENSCHWANDER, B.; JAEGGI, B.; SCHMID, M.; DOMMANN, A.; NEELS,

A.; BANDI, T.; HENNIG, G.: *Factors controlling the incubation in the application of ps laser pulses on copper and iron surfaces*. In: Laser Applications in Microelectronic and Optoelectronic Manufacturing (LAMOM) XVIII. International Society for Optics and Photonics, 2013, S. 86070D.

[69] MICHALOWSKI, A.; WALTER, D.; DAUSINGER, F.; GRAF, T.: *Melt dynamics and hole formation during drilling with ultrashort pulses*. J. Laser Micro/Nanoengineering **3** (2008) Nr. 3, S. 211–215.

[70] DÖRING, S.: *Analysis of the hole shape evolution in ultrashort pulse laser drilling*. Cuvillier, E, 2014.

[71] KONONENKO, T.; KONOV, V.; GARNOV, S.; KLIMENTOV, S.; DAUSINGER, F.: *Dynamics of deep short pulse laser drilling: ablative stages and light propagation*. LASER PHYSICS-LAWRENCE- **11** (2001) Nr. 3, S. 343–351.

[72] SHAH, L.; TAWNEY, J.; RICHARDSON, M.; RICHARDSON, K.: *Femtosecond laser deep hole drilling of silicate glasses in air*. Applied surface science **183** (2001) Nr. 3, S. 151–164.

[73] KONONENKO, T. V.; KLIMENTOV, S. M.; GARNOV, S. V.; KONOV, V. I.; BREITLING, D.; FOEHL, C.; RUF, A.; RADTKE, J.; DAUSINGER, F.: *Hole formation process in laser deep drilling with short and ultrashort pulses*. In: Second International Symposium on Laser Precision Micromachining. International Society for Optics and Photonics, 2002, S. 108–112.

[74] ANCONA, A.; RÖSER, F.; RADEMAKER, K.; LIMPERT, J.; NOLTE, S.; TÜNNERMANN, A.: *High speed laser drilling of metals using a high repetition rate, high average power ultrafast fiber CPA system*. Opt. Express **16** (Jun 2008) Nr. 12, S. 8958–8968.

[75] ANCONA, A.; DÖRING, S.; JAUREGUI, C.; RÖSER, F.; LIMPERT, J.; NOLTE, S.; TÜNNERMANN, A.: *Femtosecond and picosecond laser drilling of metals at high repetition rates and average powers*. Opt. Lett. **34** (Nov 2009) Nr. 21, S. 3304–3306.

[76] ANCONA, A.; NODOP, D.; LIMPERT, J.; NOLTE, S.; TÜNNERMANN, A.: *Microdrilling of metals with an inexpensive and compact ultra-short-pulse fiber amplified microchip laser*. Appl. Phys. A **94** (Jan 2009) Nr. 1, S. 19–24.

[77] WEBER, R.; GRAF, T.; FREITAG, C.; FEUER, A.; KONONENKO, T.; KONOV, V. I.: *Processing constraints resulting from heat accumulation during pulsed and repetitive laser materials processing*. Optics Express **25** (2017) Nr. 4, S. 3966–3979.

[78] VOROBYEV, A.; GUO, C.: *Direct observation of enhanced residual thermal energy coupling to solids in femtosecond laser ablation*. Appl. Phys. Lett. **86** (2005) Nr. 1, S. 011916.

[79] VOROBYEV, A.; GUO, C.: *Enhanced absorptance of gold following multipulse femtosecond laser ablation*. Phys. Rev. B **72** (2005) Nr. 19, S. 195422.

[80] VOROBYEV, A.; KUZMICHEV, V.; KOKODY, N.; KOHNS, P.; DAI, J.; GUO, C.: *Residual thermal effects in Al following single ns-and fs-laser pulse ablation*. Applied Physics A: Materials Science & Processing **82** (2006) Nr. 2, S. 357–362.

[81] MUNDY, W.; HUGHES, R.; CARNIGLIA, C.: *Photothermal deflection microscopy of dielectric thin films*. Applied physics letters **43** (1983) Nr. 11, S. 985–987.

[82] VERTIKOV, A.; KUBALL, M.; NURMIKKO, A. V.; MARIS, H. J.: *Time-resolved pump-probe experiments with subwavelength lateral resolution*. Appl. Phys. Lett. **69** (1996) Nr. 17, S. 2465–2467.

[83] NECHAY, B.; SIEGNER, U.; ACHERMANN, M.; BIELEFELDT, H.; KELLER, U.: *Femtosecond pump-probe near-field optical microscopy*. Review of scientific instruments **70** (1999) Nr. 6, S. 2758–2764.

[84] ASHITKOV, S. I.; AGRANAT, M. B.; KONDRATENKO, P. S.; ANISIMOV, S. I.; FORTOV, V. E.; TEMNOV, V.; SOKOLOWSKI-TINTEN, K.; RETHFELD, B.; ZHOU, P.; VON DER LINDE, D.: *Ultrafast laser-induced phase transitions in tellurium*. JETP Letters **76** (2002) Nr. 7, S. 461–464.

[85] DOMKE, M.; RAPP, S.; SCHMIDT, M.; HUBER, H. P.: *Ultrafast pump-probe microscopy with high temporal dynamic range*. Opt. Express **20** (Apr 2012) Nr. 9, S. 10330–10338.

[86] TEMNOV, V. V.; SOKOLOWSKI-TINTEN, K.; ZHOU, P.; VON DER LINDE, D.: *Femtosecond time-resolved interferometric microscopy*. Appl. Phys. A **78** (2004) Nr. 4, S. 483–489.

[87] *Virtual Laser Lab (VLL)*. http://vll.ihed.ras.ru/, letzter Zugriff am 14. September 2017.

[88] PETROV, Y. V.; INOGAMOV, N.; MIGDAL, K. P.: *Thermal conductivity and the electron-ion heat transfer coefficient in condensed media with a strongly excited electron subsystem*. JETP letters **97** (2013) Nr. 1, S. 20–27.

[89] LEVASHOV, P. R.; KHISHCHENKO, K. V.: *TABULAR MULTIPHASE EQUATIONS OF STATE FOR METALS AND THEIR APPLICATIONS*. AIP Conference Proceedings **955** (2007) Nr. 1, S. 59–62.

[90] AGRANAT, M. B.; ANDREEV, N. E.; ASHITKOV, S. I.; VEĬSMAN, M. E.; LEVASHOV, P. R.; OVCHINNIKOV, A. V.; SITNIKOV, D. S.; FORTOV, V. E.; KHISHCHENKO, K. V.: *Determination of the transport and optical properties of a nonideal solid-density plasma produced by femtosecond laser pulses*. JETP Letters **85** (May 2007) Nr. 6, S. 271–276.

[91] ROSE, J.: *Ultrasonic Waves in Solid Media*. Cambridge University Press, 2004.

[92] KANITZ, A.; FÖRSTER, D. J.; WEBER, R.; GRAF, T.: *Ablation in liquids*. Jour-

nal of Applied Surface Science **X** (2019) Nr. Y, S. Z.

[93] RAPP, S.; WINTER, J.; HUBER, H. P.; SCHMIDT, M.: *Pump-probe reflectometric and ellipsometric investigation of femtosecond laser pulse induced ablation in molybdenum.* Proc.SPIE **10094** (2017), S. 10094 – 10094 – 6.

[94] FÖRSTER, D. J.; FAAS, S.; GRÖNINGER, S.; BAUER, F.; MICHALOWSKI, A.; WEBER, R. W.; GRAF, T.: *Shielding effects and re-deposition of material during processing of metals with bursts of ultra-short laser pulses.* Journal of Applied Surface Science **X** (2018) Nr. Y, S. Z.

[95] NOËL, S.; HERMANN, J.: *Reducing nanoparticles in metal ablation plumes produced by two delayed short laser pulses.* Appl. Phys. Lett. **94** (2009) Nr. 5, S. 053120.

[96] KRAMER, T.; NEUENSCHWANDER, B.; JÄGGI, B.; REMUND, S.; HUNZIKER, U.; ZÜRCHER, J.: *Influence of Pulse Bursts on the Specific Removal Rate for Ultra-fast Pulsed Laser Micromachining of Copper.* Physics Procedia **83** (2016), S. 123 – 134, laser Assisted Net Shape Engineering 9 International Conference on Photonic Technologies Proceedings of the LANE 2016 September 19-22, 2016 Fürth, Germany.

[97] BAUER, F.: *Grundlegende Untersuchungen zum Abtragen von Stahl mit ultrakurzen Laserpulse.* 2018.

[98] POVARNITSYN, M. E.; ITINA, T. E.; SENTIS, M.; KHISHCHENKO, K.; LEVASHOV, P.: *Material decomposition mechanisms in femtosecond laser interactions with metals.* Phys. Rev. B **75** (2007) Nr. 23, S. 235414.

[99] ROTH, J.; KRAUSS, A.; LOTZE, J.; TREBIN, H.-R.: *Simulation of laser ablation in aluminum: the effectivity of double pulses.* Appl. Phys. A **117** (2014) Nr. 4, S. 2207–2216.

[100] LIU, J.: *Simple technique for measurements of pulsed Gaussian-beam spot sizes.* Optics letters **7** (1982) Nr. 5, S. 196–198.

[101] HÜGEL, H.; GRAF, T.: *Laser in der Fertigung: Grundlagen der Strahlquellen, Systeme, Fertigungsverfahren.* Springer, 2014.

[102] WINTER, J.; RAPP, S.; SCHMIDT, M.; HUBER, H. P.: *Ultrafast laser processing of copper: A comparative study of experimental and simulated transient optical properties.* Appl. Surf. Science **417** (2017), S. 2–15.

[103] RACIUKAITIS, G.; BRIKAS, M.; GECYS, P.; VOISIAT, B.; GEDVILAS, M.; ET AL.: *Use of high repetition rate and high power lasers in microfabrication: How to keep the efficiency high?* JLMN Journal of Laser Micro/Nanoengineering **4** (2009) Nr. 3, S. 186–191.

[104] JÄGGI, B.; FÖRSTER, D. J.; WEBER, R.; NEUENSCHWANDER, B.: *Residual heat during laser ablation of metals with bursts of ultra-short pulses.* Advanced

Optical Technologies **7** (2018) Nr. 3, S. 175–182.

[105] KRAMER, T.; ZHANG, Y.; REMUND, S.; JAEGGI, B.; MICHALOWSKI, A.; GRAD, L.; NEUENSCHWANDER, B.: *Increasing the Specific Removal Rate for Ultra Short Pulsed Laser-Micromachining by Using Pulse Bursts*. Journal of Laser Micro Nanoengineering **12** (2017) Nr. 2, S. 107.

[106] FÖRSTER, D. J.; WEBER, R.; GRAF, T.: *Residual heat during ultrashort laser drilling of metals*. Proceedings of the 8th International Symposium on Laser Precision Microfabrication (LPM), Toyama, Japan, 2017 (2017).

[107] FÖRSTER, D. J.; WEBER, R.; HOLDER, D.; GRAF, T.: *Estimation of the depth limit for percussion drilling with picosecond laser pulses*. Optics express **26** (2018) Nr. 9, S. 11546–11552.

[108] DANZER, J. M.; VON PELKHOVEN, J. N.; GÖTZ, A.; REMER, G.: *Abhandlung von den Kegelschnitten sammt den Sätzen aus der reinen Mathematik*. Vötter, 1780.

[109] LAUER, B.; JAEGGI, B.; ZHANG, Y.; NEUENSCHWANDER, B.: *Measurement of the maximum specific removal rate: unexpected influence of the experimental method and the spot size*. In: International Congress on Applications of Lasers & Electro-Optics. Laser Institute of America, 2015, S. 146–154.

[110] KLIMENTOV, S. M.; KONONENKO, T. V.; PIVOVAROV, P. A.; GARNOV, S. V.; KONOV, V. I.; PROKHOROV, A. M.; BREITLING, D.; DAUSINGER, F.: *The role of plasma in ablation of materials by ultrashort laser pulses*. Quantum Electronics **31** (2001) Nr. 5, S. 378.

[111] KLIMENTOV, S.; GARNOV, S.; KONOV, V.; KONONENKO, T.; PIVOVAROV, P.; TSARKOVA, O.; BREITLING, D.; DAUSINGER, F.: *Effect of low-threshold air breakdown on material ablation by short laser pulses*. Physics of Wave Phenomena **15** (2007) Nr. 1, S. 1–11.

[112] HENN, M.; REICHARDT, G.; WEBER, R.; GRAF, T.; LIEWALD, M.: *Dry metal forming using volatile lubricants injected into the forming tool through flow-optimized, laser-drilled microholes*. JOM **72** (2020) Nr. 7, S. 2517–2524.

[113] ZHAO, W.; LIU, H.; SHEN, X.; WANG, L.; MEI, X.: *Percussion drilling hole in Cu, Al, Ti and Ni alloys using ultra-short pulsed laser ablation*. Materials **13** (2020) Nr. 1, S. 31.

[114] GRUNER, A.; SCHILLE, J.; LOESCHNER, U.: *Experimental study on micro hole drilling using ultrashort pulse laser radiation*. Physics Procedia **83** (2016), S. 157–166.

[115] KONONENKO, T. V.; FREITAG, C.; SOVYK, D. N.; LUKHTER, A. B.; SKVORTSOV, K. V.; KONOV, V. I.: *Influence of pulse repetition rate on percussion drilling of Ti-based alloy by picosecond laser pulses*. Optics and Lasers

in Engineering **103** (2018), S. 65–70.

[116] QIN, Y.; MICHALOWSKI, A.; WEBER, R.; YANG, S.; GRAF, T.; NI, X.: *Comparison between ray-tracing and physical optics for the computation of light absorption in capillaries–the influence of diffraction and interference.* Optics express **20** (2012) Nr. 24, S. 26606–26617.

[117] RACIUKAITIS, G.; BRIKAS, M.; GECYS, P.; GEDVILAS, M.: *Accumulation effects in laser ablation of metals with high-repetition-rate lasers.* In: Proc. SPIE. 2008, S. 70052L.

[118] PANTSAR, H.; LAAKSO, P.; PENTTILÄ, R.: *Material removal rates of metals using UV and IR picosecond pulses.* In: Proceedings of the Fourth International WLT-conference on Laser in Manufacturing. 2007, S. 18–22.

[119] HOLDER, D.; WEBER, R.; GRAF, T.; ONUSEIT, V.; BRINKMEIER, D.; FÖRSTER, D. J.; FEUER, A.: *Analytical model for the depth progress of percussion drilling with ultrashort laser pulses.* Appl. Phys. A **127** (2021) Nr. 5, S. 1–8.

[120] NISO, F. D.; GAUDIUSO, C.; SIBILLANO, T.; MEZZAPESA, F. P.; ANCONA, A.; LUGARÀ, P. M.: *Role of heat accumulation on the incubation effect in multi-shot laser ablation of stainless steel at high repetition rates.* Opt. Express **22** (May 2014) Nr. 10, S. 12200–12210.

[121] FINGER, J.; REININGHAUS, M.: *Effect of pulse to pulse interactions on ultrashort pulse laser drilling of steel with repetition rates up to 10 MHz.* Optics express **22** (2014) Nr. 15, S. 18790–18799.

[122] BAUER, F.; MICHALOWSKI, A.; NOLTE, S.: *Residual heat in ultra-short pulsed laser ablation of metals.* Journal of Laser Micro Nanoengineering **10** (2015) Nr. 3, S. 325.

[123] BAUER, F.; MICHALOWSKI, A.; KIEDROWSKI, T.; NOLTE, S.: *Heat accumulation in ultra-short pulsed scanning laser ablation of metals.* Opt. Express **23** (Jan 2015) Nr. 2, S. 1035–1043.

[124] FEUER, A.; WEBER, R.; FEUER, R.; BRINKMEIER, D.; GRAF, T.: *High-quality percussion drilling with ultrashort laser pulses.* Appl. Phys. A **127** (2021) Nr. 9, S. 1–9.

[125] BRINKMEIER, D.; HOLDER, D.; LOESCHER, A.; RÖCKER, C.; FÖRSTER, D. J.; ONUSEIT, V.; WEBER, R.; ABDOU AHMED, M.; GRAF, T.: *Process limits for percussion drilling of stainless steel with ultrashort laser pulses at high average powers.* Appl. Phys. A **128** (2022) Nr. 1, S. 1–9.

[126] FOEHL, C.; BREITLING, D.; JASPER, K.; RADTKE, J.; DAUSINGER, F.: *Precision drilling of metals and ceramics with short-and ultrashort-pulsed solid state lasers.* In: Second international symposium on laser precision microfabrication. International Society for Optics and Photonics, 2002, S. 104–107.

[127] Breitling, D.; Föhl, C.; Dausinger, F.; Kononenko, T.; Konov, V.: *Drilling of Metals.* In: Dausinger, F.; Lubatschowski, H.; Lichtner, F. (Hrsg.): Femtosecond Technology for Technical and Medical Applications. Berlin, Heidelberg: Springer Berlin Heidelberg, 2004, S. 131–156.

[128] Zahedi, E.; Woerz, C.; Reichardt, G.; Umlauf, G.; Liewald, M.; Barz, J.; Weber, R.; Foerster, D. J.; Graf, T.: *Lubricant-free deep drawing using CO2 and N2 as volatile media injected through laser-drilled microholes.* Manufacturing Review **6** (2019), S. 11.

[129] Reichardt, G.; Wörz, C.; Singer, M.; Liewald, M.; Henn, M.; Förster, D. J.; Zahedi, E.; Boley, S.; Feuer, A.; Onuseit, V.; et al.: *Tribological system for cold sheet metal forming based on volatile lubricants and laser structured surfaces.* Dry Metal Forming Open Access Journal (2020).

[130] *Charakterisierung von Laserstrahlen und Laseroptiken: Normen.* DIN EN ISO 11551, Beuth Verlag, Berlin, 2005.

[131] Hüttner, B.: *On Brewster's angle of metals.* Journal of applied physics **78** (1995) Nr. 7, S. 4799–4801.

[132] Babar, S.; Weaver, J. H.: *Optical constants of Cu, Ag, and Au revisited.* Appl. Opt. **54** (Jan 2015) Nr. 3, S. 477–481.

[133] Michalowski, A.: *Untersuchungen zur Mikrobearbeitung von Stahl mit ultrakurzen Laserpulsen*, Bd. 76. Herbert Utz Verlag, 2014.

[134] Djahanbakhsh, M.: *Die optische Selektivität von W/Al2O3-Schichten nach Auslagerungen bei 500 °C mittels spektraler Ellipsometrie zwischen 0,25 und 25 μm* (2000).

Anhang

A.1 Kritische Pulsanzahl für den Tiefbohrprozess

Die Bohrlochgeometrie wird durch eine Parabel approximiert. Jeder Punkt $P_1(r_1\ ;\ z_1)$ auf einer solchen Parabel $z(r,N)$ hat die Koordinaten

$$r_1 \qquad \text{und} \qquad z_1 = \frac{2\,\delta}{w_0^2} \cdot N_P \cdot r_1^2 - N_P \cdot \delta \ln\left(\frac{\Phi_0}{\Phi_{th}}\right) \quad ,$$

die Brennpunkte $P_B(r_B\ ;\ z_B)$ der Parabeln haben die Koordinaten

$$r_B \qquad \text{und} \qquad z_B = \frac{w_0^2}{8\,\delta\,N_P} - N_P\,\delta \cdot \ln\left(\frac{\Phi_0}{\Phi_{th}}\right) \quad .$$

Jeder senkrecht einfallende und dann reflektierte Strahl kann nach der ersten Reflektion als Gerade mit der Funktion $g(r,N_P)$ dargestellt werden und diese mittels 2-Punkt-Form berechnet werden mit

$$g(r,N_P) = \frac{z_1 - z_B}{r_1 - r_B} \cdot (r - r_B) + z_B \quad .$$

Es ergibt sich

$$g(r,N_P) = \left(\frac{2\,\delta\,N_P\,r_1}{w_0^2} - \frac{w_0^2}{8\,\delta\,N_P\,r_1}\right) \cdot r + \frac{w_0^2}{8\,\delta\,N_P\,r_1} - N_P\,\delta \ln\left(\frac{\Phi_0}{\Phi_{th}}\right) \quad .$$

Die Abszisse des zweiten Auftreffpunkts P_2, der von dem reflektierten Strahl getroffen wird, kann berechnet werden durch Gleichsetzen der Geraden- und Parabelgleichung

$$g(r,N_P) = z(r,N) \quad .$$

Es ergeben sich zwei Lösungen, r_1 und

$$r_2 = \frac{-w_0^4}{16\,\delta^2\,N_P^2\,r_1} \quad .$$

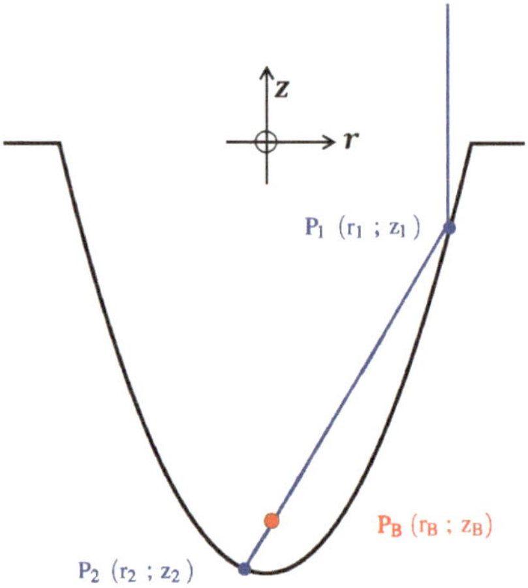

Bild A.1: Parabel im (r,z)-Koordinatensystem mit Darstellung eines einfach reflektierten Strahls sowie den Auftreffpunkten P_1, P_2 und dem Brennpunkt P_B

Die Ordinate des zweiten Auftreffpunkts $P_2(r_2\ ;\ z_2)$, ergibt sich durch Einsetzen von r_2 in $g(r, N_P)$ zu

$$z_2 = \frac{-w_0^6}{128\ \delta^3\ N_P^3\ r_1^2} - N_P\ \delta\ \ln\left(\frac{\Phi_0}{\Phi_{th}}\right) \tag{A.1}$$

Es findet Ablation durch den reflektierten Strahl statt, wenn die Fluenz nach dem ersten Auftreffen ausreichend groß ist, um die Abtragsschwelle zu überschreiten, sodass

$$\Phi(r_1) \cdot R \geq \Phi_{th} \quad .$$

Nach Einsetzen der Gleichung 5.1 ergibt sich

$$r_1^2 \leq \frac{w_0^2}{2} \cdot \ln\left(R \cdot \frac{\Phi_0}{\Phi_{th}}\right) \quad . \tag{A.2}$$

Als Kriterium für den Übergang zum Tiefbohrprozess wird herangezogen, dass der zweite Auftreffpunkt unterhalb des Brennpunktes liegen soll, sodass

$$z_2 \leq z_B \tag{A.3}$$

gilt. Die kritische Pulsanzahl N_{deep}, ab welcher der Tiefbohrprozess einsetzt, kann durch Kombination von (A.1), (A.2) und (A.3) berechnet werden. Es ergibt sich

$$N_{deep} \geq \frac{w_0}{\delta} \cdot \left(2 \cdot \ln\left(R \cdot \frac{\Phi_0}{\Phi_{th}}\right)\right)^{-\frac{1}{2}} \quad .$$

Für das Einsetzen des Tiefbohrprozesses gilt $N_{deep} \approx 2 \cdot N_{mult}$ für Stahl mit $R = 0,7$.

A.2 Kalorimetrisch bestimmte Werte der optischen Parameter

Zur Validierung des kalorimetrischen Messaufbaus (vgl. Abschnitt 6.1) wurden verschiedene Metalle mit Fluenzen unterhalb der Abtragssschwelle sowie bei unterschiedlichen Wellenlängen bestrahlt. Die Absorption verschiedener Materialien wurde für verschiedene Winkel sowie parallele und senkrechte Polarisation bestimmt. Durch einen Fit der Fresnelschen Formeln [36] an die gemessenen Werte des Absorptionsgrads wurde der Real- und Imaginärteil des komplexen Brechungsindex bestimmt. Die Werte aus diesen Messungen wurden für verschiedene Metalle zur Validierung des Messaufbaus mit Literaturwerten verglichen. Für alle Experimente wurden spiegelpolierte Proben verwendet.

Liegt die eingestrahlte Fluenz unterhalb der Ablationsschwelle, entspricht η_{res} dem Absorptionsgrad bei unbearbeiteten, polierten Oberflächen. Der gemessene Absorptionsgrad als Funktion unterschiedlicher Einstrahlwinkel sowie für parallele und senkrechte Polarisation ist für Stahl bei einer Wellenlänge von 532 nm in Bild A.2 dargestellt. Für beide Polarisationsrichtungen liegt bei einem Einfallswinkel von 0° der Absorptionsgrad bei 35 %. Mit steigendem Einfallswinkel fällt der Absorptionsgrad für senkrechte Polarisation ab, bis er für 90° Einfallswinkel einen Wert von 0 % erreicht. Der Absorptionsgrad für parallele Polarisation steigt bis zum Pseudo-Brewsterwinkel [131] auf 65 % an und fällt dann für höhere Winkel ab, bis er für einen Einfallswinkel von 90°

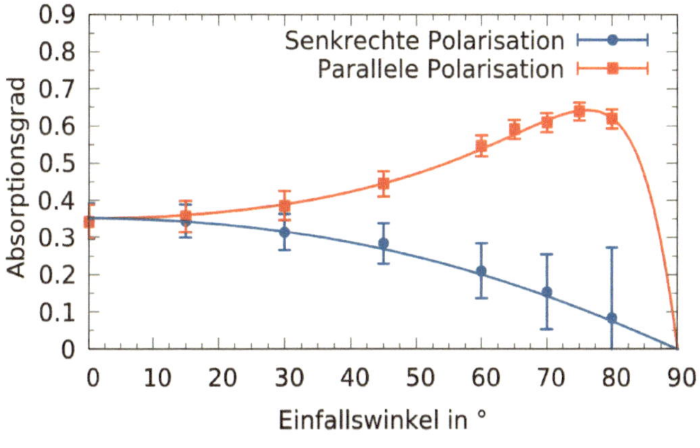

Bild A.2: Gemessener Verlauf des Absorptionsgrades für 532 nm Wellenlänge, polierter Stahl 1.4301 (AI 304)

ebenfalls einen Wert von 0 % erreicht. Durch Ausgleichsrechnung wurden der Realteil n und Imaginärteil k des komplexen Brechungsindex für das Material bestimmt.

In Tabelle A.1 sind die auf diese Weise bestimmten optischen Parameter für Stahl und Kupfer bei verschiedenen Wellenlängen angegeben. Es folgt der Vergleich der Daten mit Werten aus der Literatur.

Babar und Weaver [132] geben für die Anteile des komplexen Brechnungsindex n = 1,01 und k = 2,44 für Kupfer bei 532 nm Wellenlänge an. Der Absorptionsgrad bei senkrechtem Einfall wird mit A_0 = 40,4 % angegeben. Die Abweichung zu diesen Literaturdaten im Falle des Absorptionsgrades bei senkrechtem Einfall A_0 ist vernachlässigbar, für n und k ergeben sich Abweichungen von unter 20 %.

Für Stahl geben Qin und Michalowski für 1030 nm Wellenlänge Werte von n = 2,59 und k = 4,87 an. Der Absorptionsgrad bei senkrechtem Einfall wird mit $A_0 = 28$ % angegeben [116, 133]. Die Abweichung zu diesen Literaturdaten ist für die Brechungsindizes kleiner als 13 %, die Abweichung für A_0 ist vernachlässigbar.

Aus ellipsometrischen Messungen gibt Djahanbakhsh für Stahl bei 1064 nm Werte von n = 2,94 und k = 4,18 an, für eine Wellenlänge von 532 nm Werte von n = 1,89 und k = 2,95 [134]. Grundsätzlich weichen die gemessenen Werte sowie die Literaturwerte nur leicht voneinander ab, sodass von einer funktionierenden und soliden Messmethodik ausgegangen werden kann.

Tabelle A.1: Kalorimetrisch bestimmte optische Parameter bei Raumtemperatur

Material	Kupfer ETP 99,9%	Edelstahl 1.4301 (AISI 304)	
Wellenlänge	532 nm	532 nm	1064 nm
Absorptionsgrad A_0 bei 0°	40 ± 2 %	35 ± 2 %	29 ± 2 %
n	$0,79 \pm 0,02$	$1,96 \pm 0,05$	$2,93 \pm 0,11$
k	$2,16 \pm 0,03$	$3,66 \pm 0,05$	$5,04 \pm 0,09$

Danksagungen

Herrn Prof. Dr. phil. nat. Thomas Graf danke ich für die Betreuung meiner Arbeit. Seine Fähigkeit, jederzeit tief in eine wissenschaftliche Diskussion einzusteigen und nicht unmittelbar offensichtliche Schwächen in einer Argumentation zu offenbaren, ohne dies dabei negativ auszulegen, sondern vielmehr auf positive Art und Weise in Erkenntnis umzuwandeln, wird mir immer angenehm in Erinnerung bleiben. Weiterhin ist es nicht selbstverständlich, ein derart motivierendes Klima an einem Institut zu kultivieren, wie es am IFSW der Fall ist.

Zu dieser positiven Grundstimmung trägt sicher Dr. Rudolf Weber bei, der mir ebenfalls als äußerst angenehmer Diskussionspartner und kritischer Geist in Erinnerung bleiben wird. Die humorvolle und zugleich professionelle Arbeitsatmosphäre erlaubte kreatives und selbständiges Arbeiten in der Abteilung Verfahrensentwicklung am IFSW.

Herrn Prof. Dr.-Ing. Manfred Berroth danke ich für die Übernahme des Mitberichts und die kritischen und erkenntnisreichen Diskussionen im Rahmen der Thesis-Committee Sitzungen.

Frau Dr. Gabriele Erhardt danke ich stellvertretend für die Graduiertenschule GSaME für die exzellenten Rahmenbedingungen, unter denen mein Promotionsvorhaben verlaufen ist.

Generell danke ich sämtlichen Kollegen des IFSW, die für eine äußerst positive Arbeitsatmosphäre innerhalb der letzten Jahre sorgten. Es ist sicherlich nicht selbstverständlich, (praktisch) jederzeit im Kaffeeraum kompetente Kollegen anzutreffen, die sich gerne über aktuelle Schwierigkeiten im Labor oder aufgekommene Fragen unterhalten.
Besonders danken möchte ich Margit Wiedenmann, Christian Freitag sowie Sebastian Faas und Florian Fetzer.

Weiterhin danke ich allen Studenten, mit denen ich das Vergnügen hatte zusammen zu arbeiten.

Die wissenschaftliche Arbeit erlaubte es mir in den letzten Jahren, mit zahlreichen Forschern in Kontakt zu kommen und gemeinsam an den verschiedensten Fragestellungen zu arbeiten.

Prof. Dr. Johannes Roth und Dr. Stefan Scharring danke ich dafür, mir den Einstieg in die Laserwelt von numerischer Seite her eröffnet und für die richtige Motivation gesorgt zu haben.

Frau Stephanie Karg danke ich für die ersten Schritte im Labor bei der Bearbeitung von Materialien mit ultrakurzen Laserpulsen.

Herrn Prof. Dr. Andreas Michalowski verdanke ich zahlreiche Diskussionen zur Laser-Materie Wechselwirkung. Ich halte seine freundliche und konstruktive Art, auf Schwächen von Argumentationen hinzuweisen, für eine erstrebenswerte Eigenschaft.

Herrn Dr. Raoul-Amadeus Lorbeer danke ich für die konstruktive Zusammenarbeit im Bereich der etwas unüblicheren Materialbearbeitung, die dereinst Kurse von Satelliten im All korrigieren soll.

Den Münchner Kollegen Jan Winter, Dr. Stephan Rapp und Prof. Dr. Heinz Huber danke ich für die interessanten Diskussionen und die Offenheit im wissenschaftlichen Austausch im Bereich der Laser-Materie Wechselwirkung.

Herrn Dr. Mikhail Povarnitsyn danke ich für die Bereitstellung des VLL-Codes, der in diesem Bereich von unschätzbarem Wert war.

Den Schweizer Kollegen Beat Jäggi und Prof. Dr. Beat Neuenschwander danke ich ebenso wie Dr. Franziska Bauer für die konstruktiven Diskussionen zum Burst-Abtrag und den damit verbundenen, faszinierenden Phänomenen.

Alexander Kanitz danke ich für die Möglichkeit, gemeinsam Experimente weit nördlich des Weißwurst-Äquators sowie in Stuttgart durchzuführen, sowie für die äußerst fruchtbaren Diskussionen zur Ablation von Metallen mit verschiedenen Umgebungsmedien, insbesondere natürlich in Flüssigkeiten, die mir nach wie vor Kopfzerbrechen bereiten.

Abschließend gilt mein Dank meinen Eltern, die mich seit jeher bestärkten, meinen eigenen Weg zu gehen und diesen unvoreingenommen unterstützten.

Meiner Frau danke ich für ihre Unterstützung und das Verständnis während des Verfassens dieser Arbeit.

Laser in der Materialbearbeitung

Forschungsberichte des IFSW (Institut für Strahlwerkzeuge)

Herausgegeben von
Prof. Dr.-Ing. habil. Helmut Hügel, Universität Stuttgart
Forschungsberichte des IFSW von 1992 bis 1999 erschienen im Teubner Verlag, Stuttgart

Zoske, Uwe
Modell zur rechnerischen Simulation von Laserresonatoren und Strahlführungssystemen
1992, 186 Seiten, ISBN 3-519-06205-4

Gorriz, Michael
Adaptive Optik und Sensorik im Strahlführungssystem von Laserbearbeitungsanlagen
1992, vergriffen, ISBN 3-519-06206-2

Mohr, Ursula
Geschwindigkeitsbestimmende Strahleigenschaften und Einkoppelmechanismen beim CO_2-Laserschneiden von Metallen
1993, 130 Seiten, ISBN 3-519-06207-0

Rudlaff, Thomas
Arbeiten zur Optimierung des Umwandlungshärtens mit Laserstrahlen
1993, 152 Seiten, ISBN 3-519-06208-9

Borik, Stefan
Einfluß optischer Komponenten auf die Strahlqualität von Hochleistungslasern
1993, 200 Seiten, ISBN 3-519-06209-7

Paul, Rüdiger
Optimierung von HF-Gasentladungen für schnell längsgeströmte CO_2-Laser
1994, 149 Seiten, ISBN 3-519-06210-0

Wahl, Roland
Robotergeführtes Laserstrahlschweißen mit Steuerung der Polarisationsrichtung
1994, 150 Seiten, ISBN 3-519-06211-9

Frederking, Klaus-Dieter
Laserlöten kleiner Kupferbauteile mit geregelter Lotdrahtzufuhr
1994, 139 Seiten, ISBN 3-519-06212-7

Grünewald, Karin M.
Modellierung der Energietransferprozesse in längsgeströmten CO_2-Lasern
1994, 158 Seiten, ISBN 3-519-06213-5

Shen, Jialin
Optimierung von Verfahren der Laseroberflächenbehandlung mit gleichzeitiger Pulverzufuhr
1994, 160 Seiten, ISBN 3-519-06214-3

Arnold, Johannes M.
Abtragen metallischer und keramischer Werkstoffe mit Excimerlasern
1994, 192 Seiten, ISBN 3-519-06215-1

Holzwarth, Achim
Ausbreitung und Dämpfung von Stoßwellen in Excimerlasern
1994, 153 Seiten, ISBN 3-519-06216-X

Dausinger, Friedrich
Strahlwerkzeug Laser: Energieeinkopplung und Prozeßeffektivität
1995, 143 Seiten, ISBN 3-519-06217-8

Meiners, Eckhard
Abtragende Bearbeitung von Keramiken und Metallen mit gepulstem Nd:YAG-Laser als zweistufiger Prozeß
1995, 120 Seiten, ISBN 3-519-06222-4

Beck, Markus
Modellierung des Lasertiefschweißens
1996, 160 Seiten, ISBN 3-519-06218-6

Breining, Klaus
Auslegung und Vermessung von Gasentladungsstrecken für CO_2-Hochleistungslaser
1996, 131 Seiten, ISBN 3-519-06219-4

Griebsch, Jürgen
Grundlagenuntersuchungen zur Qualitätssicherung beim gepulsten Lasertiefschweißen
1996, 133 Seiten, ISBN 3-519-06220-8

Krepulat, Walter
Aerodynamische Fenster für industrielle Hochleistungslaser
1996, 144 Seiten, ISBN 3-519-06221-6

Xiao, Min
Vergleichende Untersuchungen zum Schneiden dünner Bleche mit CO_2- und Nd:YAG-Lasern
1996, 118 Seiten, ISBN 3-519-06223-2

Glumann, Christiane
Verbesserte Prozeßsicherheit und Qualität durch Strahlkombination beim Laserschweißen
1996, 143 Seiten, ISBN 3-519-06224-0

Gross, Herbert
Propagation höhermodiger Laserstrahlung und deren Wechselwirkung mit optischen Systemen
1996, 191 Seiten, ISBN 3-519-06225-9

Rapp, Jürgen
Laserschweißeignung von Aluminiumwerkstoffen für Anwendungen im Leichtbau
1996, 202 Seiten, ISBN 3-519-06226-7

Wittig, Klaus
Theoretische Methoden und experimentelle Verfahren zur Charakterisierung von Hochleistungslaserstrahlung
1996, 198 Seiten, ISBN 3-519-06227-5

Grünenwald, Bernd
Verfahrensoptimierung und Schichtcharakterisierung beim einstufigen Cermet-Beschichten mittels CO_2-Hochleistungslaser
1996, 160 Seiten, ISBN 3-519-06229-1

Lee, Jae-Hoon
Laserverfahren zur strukturierten Metallisierung
1996, 154 Seiten, ISBN 3-519-06232-1

Albinus, Uwe N. W.
Metallisches Beschichten mittels PLD-Verfahren
1996, 144 Seiten, ISBN 3-519-06233-X

Wiedmaier, Matthias
Konstruktive und verfahrenstechnische Entwicklungen zur Komplettbearbeitung in Drehzentren mit integrierten Laserverfahren
1997, 129 Seiten, ISBN 3-519-06228-3

Bloehs, Wolfgang
Laserstrahlhärten mit angepaßten Strahlformungssystemen
1997, 143 Seiten, ISBN 3-519-06230-5

Bea, Martin
Adaptive Optik für die Materialbearbeitung mit CO_2-Laserstrahlung
1997, 143 Seiten, ISBN 3-519-06231-3

Stöhr, Michael
Beeinflussung der Lichtemission bei mikrokanalgekühlten Laserdioden
1997, 147 Seiten, ISBN 3-519-06234-8

Plaß, Wilfried
Zerstörschwellen und Degradation von CO_2-Laseroptiken
1998, 158 Seiten, ISBN 3-519-06235-6

Schaller, Markus K. R.
Lasergestützte Abscheidung dünner Edelmetallschichten zum Heißgaskorrosionsschutz für Molybdän
1998, 163 Seiten, ISBN 3-519-06236-4

Hack, Rüdiger
System- und verfahrentechnischer Vergleich von Nd:YAG- und CO_2-Lasern im Leistungsbereich bis 5 kW
1998, 165 Seiten, ISBN 3-519-06237-2

Krupka, René
Photothermische Charakterisierung optischer Komponenten für Hochleistungslaser
1998, 139 Seiten, ISBN 3-519-06238-0

Pfeiffer, Wolfgang
Fluiddynamische und elektrophysikalisch optimierte Entladungsstrecken für CO_2-Hochleistungslaser
1998, 152 Seiten, ISBN 3-519-06239-9

Volz, Robert
Optimiertes Beschichten von Gußeisen-, Aluminium- und Kupfergrundwerkstoffen mit Lasern
1998, 133 Seiten, ISBN 3-519-06240-2

Bartelt-Berger, Lars
Lasersystem aus kohärent gekoppelten Grundmode-Diodenlasern
1999, 135 Seiten, ISBN 3-519-06241-0

Müller-Hummel, Peter
Entwicklung einer Inprozeßtemperaturmeßvorrichtung zur Optimierung der laserunterstützten Zerspanung
1999, 139 Seiten, ISBN 3-519-06242-9

Rohde, Hansjörg
Qualitätsbestimmende Prozeßparameter beim Einzelpulsbohren mit einem Nd:YAG-Slablaser
1999, 171 Seiten, ISBN 3-519-06243-7

Huonker, Martin
Strahlführung in CO_2-Hochleistungslasersystemen zur Materialbearbeitung
1999, 121 Seiten, ISBN 3-519-06244-5

Callies, Gert
Modellierung von qualitäts- und effektivitätsbestimmenden Mechanismen beim Laserabtragen
1999, 119 Seiten, ISBN 3-519-06245-3

Schubert, Michael E.
Leistungsskalierbares Lasersystem aus fasergekoppelten Singlemode-Diodenlasern
1999, 105 Seiten, ISBN 3-519-06246-1

Kern, Markus
Gas- und magnetofluiddynamische Maßnahmen zur Beeinflussung der Nahtqualität beim Laserstrahlschweißen
1999, 132 Seiten, ISBN 3-519-06247-X

Raiber, Armin
Grundlagen und Prozeßtechnik für das Lasermikrobohren technischer Keramiken
1999, 135 Seiten, ISBN 3-519-06248-8

Laser in der Materialbearbeitung

Forschungsberichte des IFSW (Institut für Strahlwerkzeuge)

Herausgegeben von
Prof. Dr.-Ing. habil. Helmut Hügel, Universität Stuttgart
Forschungsberichte des IFSW ab 2000 erschienen im Herbert Utz Verlag, München

Schittenhelm, Henrik
Diagnostik des laserinduzierten Plasmas beim Abtragen und Schweißen
2000, 141 Seiten, ISBN 3-89675-712-1

Stewen, Christian
Scheibenlaser mit Kilowatt-Dauerstrichleistung
2000, 145 Seiten, ISBN 3-89675-763-6

Schmitz, Christian
Gaselektronische Analysemethoden zur Optimierung von Lasergasentladungen
2000, 107 Seiten, ISBN 3-89675-773-3

Karszewski, Martin
Scheibenlaser höchster Strahlqualität
2000, 132 Seiten, ISBN 3-89675-785-7

Chang, Chin-Lung
Berechnung der Schmelzbadgeometrie beim Laserstrahlschweißen mit Mehrfokustechnik
2000, 141 Seiten, ISBN 3-89675-825-X

Haag, Matthias
Systemtechnische Optimierungen der Strahlqualität von Hochleistungsdiodenlasern
2000, 166 Seiten, ISBN 3-89675-840-3

Bahnmüller, Jochen
Charakterisierung gepulster Laserstrahlung zur Qualitätssteigerung beim Laserbohren
2000, 138 Seiten, ISBN 3-89675-851-9

Schellhorn, Martin Carl Johannes
CO-Hochleistungslaser: Charakteristika und Einsatzmöglichkeiten beim Schweißen
2000, 142 Seiten, ISBN 3-89675-849-7

Angstenberger, Birgit
Fliehkraftunterstütztes Laserbeschichten
2000, 153 Seiten, ISBN 3-89675-861-6

Bachhofer, Andreas
Schneiden und Schweißen von Aluminiumwerkstoffen mit Festkörperlasern für den Karosseriebau
2001, 194 Seiten, ISBN 3-89675-881-0

Breitschwerdt, Sven
Qualitätssicherung beim Laserstrahlschweißen
2001, 150 Seiten, ISBN 3-8316-0032-5

Mochmann, Gunter
Laserkristallisation von Siliziumschichten auf Glas- und Kunststoffsubstraten für die Herstellung verbesserter Dünnschichttransistoren
2001, 170 Seiten, ISBN 3-89675-811-X

Herrmann, Andreas
Fertigungsorientierte Verfahrensentwicklung des Weichlötens mit Diodenlasern
2002, 133 Seiten, ISBN 3-8316-0086-4

Mästle, Rüdiger
Bestimmung der Propagationseigenschaften von Laserstrahlung
2002, 147 Seiten, ISBN 3-8316-0113-5

Voß, Andreas
Der Scheibenlaser: Theoretische Grundlagen des Dauerstrichbetriebs und erste experimentelle Ergebnisse anhand von Yb:YAG
2002, 195 Seiten, ISBN 3-8316-0121-6

Müller, Matthias G.
Prozessüberwachung beim Laserstrahlschweißen durch Auswertung der reflektierten Leistung
2002, 122 Seiten, ISBN 3-8316-0144-5

Abeln, Tobias
Grundlagen und Verfahrenstechnik des reaktiven Laserpräzisionsabtragens von Stahl
2002, 138 Seiten, ISBN 3-8316-0137-2

Erhard, Steffen
Pumpoptiken und Resonatoren für den Scheibenlaser
2002, 184 Seiten, ISBN 3-8316-0173-9

Contag, Karsten
Modellierung und numerische Auslegung des Yb:YAG-Scheibenlasers
2002, 155 Seiten, ISBN 3-8316-0172-0

Krastel, Klaus
Konzepte und Konstruktionen zur laserintegrierten Komplettbearbeitung in Werkzeugmaschinen
2002, 140 Seiten, ISBN 3-8316-0176-3

Staud, Jürgen
Sensitive Werkzeuge für ein neues Montagekonzept in der Mikrosystemtechnik
2002, 122 Seiten, ISBN 3-8316-0175-5

Schinzel, Cornelius M.
Nd:YAG-Laserstrahlschweißen von Aluminiumwerkstoffen für Anwendungen im Automobilbau
2002, 177 Seiten, ISBN 3-8316-0201-8

Sebastian, Michael
Grundlagenuntersuchungen zur Laser-Plasma-CVD Synthese von Diamant und amorphen Kohlenstoffen
2002, 153 Seiten, ISBN 3-8316-0200-X

Lücke, Bernd
Kohärente Kopplung von Vertikalemitter-Arrays
2003, 120 Seiten, ISBN 3-8316-0224-7

Hohenberger, Bernd
Laserstrahlschweißen mit Nd:YAG-Doppelfokustechnik – Steigerung von Prozeßsicherheit, Flexibilität und verfügbarer Strahlleistung
2003, 128 Seiten, ISBN 3-8316-0223-9

Jasper, Knut
Neue Konzepte der Laserstrahlformung und -führung für die Mikrotechnik
2003, 152 Seiten, ISBN 3-8316-0205-0

Heimerdinger, Christoph
Laserstrahlschweißen von Aluminiumlegierungen für die Luftfahrt
2003, 112 Seiten, ISBN 3-8316-0256-5

Christoph Fleig
Evaluierung eines Messverfahrens zur genauen Bestimmung des Reflexionsgrades optischer Komponenten
2003, 150 Seiten, ISBN 3-8316-0274-3

Joachim Radtke
Herstellung von Präzisionsdurchbrüchen in keramischen Werkstoffen mittels repetierender Laserbearbeitung
2003, 150 Seiten, ISBN 3-8316-0285-9

Michael Brandner
Steigerung der Prozesseffizienz beim Löten und Kleben mit Hochleistungsdiodenlasern
2003, 195 Seiten, ISBN 3-8316-0288-3

Reinhard Winkler
Porenbildung beim Laserstrahlschweissen von Aluminium-Druckguss
2004, 153 Seiten, ISBN 3-8316-0313-8

Helmut Kindler
Optische und gerätetechnische Entwicklungen zum Laserstrahlspritzen
2004, 117 Seiten, ISBN 3-8316-0315-4

Andreas Ruf
Modellierung des Perkussionsbohrens von Metallen mit kurz- und ultrakurzgepulsten Lasern
2004, 140 Seiten, ISBN 3-8316-0372-3

Guido Hergenhan
Kohärente Kopplung von Vertikalemittern – Systemkonzept und experimentelle Verifizierung
2004, 115 Seiten, ISBN 3-8316-0376-6

Klaus Goth
Schweißen von Mischverbindungen aus Aluminiumguß- und Knetlegierungen mit CO_2-Laser unter besonderer Berücksichtigung der Nahtart
2004, 143 Seiten, ISBN 3-8316-0427-4

Armin Strauch
Effiziente Lösung des inversen Problems beim Laserstrahlschweißen durch Simulation und Experiment
2004, 169 Seiten, ISBN 3-8316-0425-8

Thomas Wawra
Verfahrensstrategien für Bohrungen hoher Präzision mittels Laserstrahlung
2004, 162 Seiten, ISBN 3-8316-0453-3

Michael Honer
Prozesssicherungsmaßnahmen beim Bohren metallischer Werkstoffe mittels Laserstrahlung
2004, 113 Seiten, ISBN 3-8316-0441-x

Thomas Herzinger
Prozessüberwachung beim Laserbohren von Turbinenschaufeln
2004, 143 Seiten, ISBN 3-8316-0443-6

Reiner Heigl
Herstellung von Randschichten auf Aluminiumgusslegierungen mittels Laserstrahlung
2004, 173 Seiten, ISBN 3-8316-0460-6

Laser in der Materialbearbeitung

Forschungsberichte des IFSW (Institut für Strahlwerkzeuge)

Herausgegeben von
Prof. Dr. phil. nat. Thomas Graf, Universität Stuttgart
Forschungsberichte des IFSW ab 2005 erschienen im Herbert Utz Verlag, München

Thomas Fuhrich
Marangoni-effekt beim Laserstrahltiefschweißen von Stahl
2005, 163 Seiten, ISBN 3-8316-0493-2

Daniel Müller
Pulsenergiestabilität bei regenerativen Kurzpulsverstärkern im Scheibenlaserdesign
2005, 172 Seiten, ISBN 3-8316-0508-4

Jiancun Gao
Neodym-dotierte Quasi-Drei-Niveau-Scheibenlaser: Hohe Ausgangsleistung und Frequenzverdopplung
2005, 148 Seiten, ISBN 3-8316-0521-1

Wolfgang Gref
Laserstrahlschweißen von Aluminiumwerkstoffen mit der Fokusmatrixtechnik
2005, 136 Seiten, ISBN 3-8316-0537-8

Michael Weikert
Oberflächenstrukturieren mit ultrakurzen Laserpulsen
2005, 116 Seiten, ISBN 3-8316-0573-4

Julian Sigel
Lasergenerieren metallischer Bauteile mit variablem Laserstrahldurchmesser in modularen Fertigungssystemen
2006, 132 Seiten, ISBN 3-8316-0572-6

Andreas Ruß
Schweißen mit dem Scheibenlaser-Potentiale der guten Fokussierbarkeit
2006, 142 Seiten, ISBN 3-8316-0580-7

Gabriele Seibold
Absorption technischer Oberflächen in der Lasermaterialbearbeitung
2006, 156 Seiten, ISBN 3-8316-0618-8

Dirk Lindenau
Magnetisch beeinflusstes Laserstrahlschweißen
2007, 180 Seiten, ISBN 978-3-8316-0687-0

Jens Walter
Gesetzmäßigkeiten beim Lasergenerieren als Basis für die Prozesssteuerung und –regelung
2008, 140 Seiten, ISBN 978-3-8316-0770-9

Heiko Ridderbusch
Longitudinal angeregte passiv gütegeschaltete Laserzündkerze
2008, 175 Seiten, ISBN 978-3-8316-0840-9

Markus Leimser
Strömungsinduzierte Einflüsse auf die Nahteigenschaften beim Laserstrahlschweißen von Aluminiumwerkstoffen
2009, 150 Seiten, ISBN 978-3-8316-0854-6

Mikhail Larionov
Kontaktierung und Charakterisierung von Kristallen für Scheibenlaser
2009, 186 Seiten, ISBN 978-3-8316-0855-3

Jürgen Müller-Borhanian
Kamerabasierte In-Prozessüberwachung beim Laserstrahlschweißen
2009, 162 Seiten, ISBN 978-3-8316-0890-4

Andreas Letsch
Charakterisierung allgemein astigmatischer Laserstrahlung mit der Methode der zweiten Momente
2009, 176 Seiten, ISBN 978-3-8316-0896-6

Thomas Kübler
Modellierung und Simulation des Halbleiterscheibenlasers
2009, 152 Seiten, ISBN 978-3-8316-0918-5

Günter Ambrosy
Nutzung elektromagnetischer Volumenkräfte beim Laserstrahlschweißen
2009, 170 Seiten, ISBN 978-3-8316-0925-3

Agnes Ott
Oberflächenmodifikation von Aluminiumlegierungen mit Laserstrahlung: Prozessverständnis und Schichtcharakterisierung
2010, 226 Seiten, ISBN 978-3-8316-0959-8

Detlef Breitling
Gasphaseneinflüsse beim Abtragen und Bohren mit ultrakurz gepulster Laserstrahlung
2010, 200 Seiten, ISBN 978-3-8316-0960-4

Dmitrij Walter
Online-Qualitätssicherung beim Bohren mittels ultrakurz gepulster Laserstrahlung
2010, 156 Seiten, ISBN 978-3-8316-0968-0

Jan-Philipp Weberpals
Nutzen und Grenzen guter Fokussierbarkeit beim Laserstrahlschweißen
2010, 154 Seiten, ISBN 978-3-8316-0995-6

Angelika Beyertt
Yb:KYW regenerativer Verstärker für ultrakurze Pulse
2010, 166 Seiten, ISBN 978-3-8316-4002-7

Christian Stolzenburg
Hochrepetierende Kurzpuls-Scheibenlaser im infraroten und grünen Spektralbereich
2011, 184 Seiten, ISBN 978-3-8316-4041-6

Svent-Simon Beyertt
Quantenfilm-Pumpen zur Leistungsskalierung von Halbleiter-Scheibenlasern
2011, 130 Seiten, ISBN 978-3-8316-4051-5

Sonja Kittel
Verzugsarmes Laserstrahlschweißen an axialsymmetrischen Bauteilen
2011, 162 Seiten, ISBN 978-3-8316-4088-1

Andrey Andreev
Schweißen mit dem Scheibenlaser im Getriebebau – Prozessmerkmale und Anlagenkonzepte
2011, 140 Seiten, ISBN 978-3-8316-4103-1

Christian Föhl
Einsatz ultrakurz gepulster Laserstrahlung zum Präzisionsbohren von Metallen
2011, 156 Seiten, ISBN 978-3-8316-4120-8

Andreas Josef Birnesser
Prozessregelung beim Laserstrahlschweißen
2011, 150 Seiten, ISBN 978-3-8316-4133-8

Christoph Neugebauer
Thermisch aktive optische Bauelemente für den resonatorinternen Einsatz beim Scheibenlaser
2012, 220 Seiten, ISBN 978-3-8316-4178-9

Andreas Dauner
Fluidmechanische Maßnahmen zur Reduzierung von Schmelzablagerungen beim Hochgeschwindigkeitslaserbohren
2012, 150 Seiten, ISBN 978-3-8316-4194-9

Axel Heß
Vorteile und Herausforderungen beim Laserstrahlschweißen mit Strahlquellen höchster Fokussierbarkeit
2012, 164 Seiten, ISBN 978-3-8316-4198-7

Christian Gehrke
Überwachung der Struktureigenschaften beim Oberflächenstrukturieren mit ultrakurzen Laserpulsen
2013, 164 Seiten, ISBN 978-3-8316-4271-7

David Schindhelm
In-Prozess Qualitätssicherung für das Laserstrahlschneiden von Metallen
2013, 150 Seiten, ISBN 978-3-8316-4345-5

Tilman Froschmeier-Hanss
Festigkeitsverhalten laserstrahlgeschweißter belastungsangepasster Stahlwerkstoffverbindungen
2014, 200 Seiten, ISBN 978-3-8316-4347-9

Moritz Vogel
Speciality Fibers for High Brightness Laser Beam Delivery
2014, 187 Seiten, ISBN 978-3-8316-4382-0

Andreas Michalowski
Untersuchungen zur Mikrobearbeitung von Stahl mit ultrakurzen Laserpulsen
2014, 176 Seiten, ISBN 978-3-8316-4424-7

Georg Stöppler
Untersuchung eines OPOs im mittleren Infrarot im Hinblick auf Anwendungen für minimalinvasive Chirurgie
2015, 144 Seiten, ISBN 978-3-8316-4437-7

Patrick Mucha
Qualitäts- und produktivitätsbeeinflussende Mechanismen beim Laserschneiden von CF und CFK
2015, 120 Seiten, ISBN 978-3-8316-4516-9

Claus-Dieter Reiniger
Fluiddynamische Effekte beim Remote-Laserstrahlschweißen von Blechen mit Fügespalt
2015, 188 Seiten, ISBN 978-3-8316-4528-2

Andreas Leitz
Laserstrahlschweißen von Kupfer- und Aluminiumwerkstoffen in Mischverbindung
2016, 172 Seiten, ISBN 978-3-8316-4549-7

Peter Stritt
Prozessstrategien zur Vermeidung von Heißrissen beim Remote-Laserstrahlschweißen von AlMgSi 6016
2016, 194 Seiten, ISBN 978-3-8316-4555-8

Katrin Sarah Wentsch
Analyse Ytterbium-dotierter Materialien für den Einsatz in ultrakurz-gepulsten Scheibenlasersystemen
2016, 162 Seiten, ISBN 978-3-8316-4578-7

Jan-Philipp Negel
Scheibenlaser-Multipassverstärker für ultrakurze Laserpulse mit Ausgangsleistungen im kW-Bereich
2017, 142 Seiten, ISBN 978-3-8316-4632-6

Christian Freitag
Energietransportmechanismen bei der gepulsten Laserbearbeitung Carbonfaser verstärkter Kunststoffe
2017, 152 Seiten, ISBN 978-3-8316-4638-8

Andreas Popp
Faserlaser und Faserlaserverstärker als Brillanzkonverter für Scheibenlaserstrahlen
2017, 242 Seiten, ISBN 978-3-8316-4643-2

Karin Heller
Analytische Temperaturfeldbeschreibung beim Laserstrahlschweißen für thermographische Prozessbeobachtung
2017, 130 Seiten, ISBN 978-3-8316-4654-8

Stefan Piehler
Resonatorinterne Kompensation thermisch induzierter Wellenfrontstörungen in hochbrillanten Scheibenlasern
2017, 148 Seiten, ISBN 978-3-8316-4690-6

Felix Abt
Bildbasierte Charakterisierung und Regelung von Laserschweißprozessen
2017, 232 Seiten, ISBN 978-3-8316-4691-3

Volker Rominger
Untersuchungen der Prozessvorgänge bei Einschweißungen in Baustahl mit Lasern hoher Brillanz
2017, 186 Seiten, ISBN 978-3-8316-4692-0

Thomas Rataj
Hochleistungstaugliche faserintegrierte Strahlweichen
2018, 142 Seiten, ISBN 978-3-8316-4733-0

Michael Diez
Pulsformung zur schädigungsarmen Laserbearbeitung von Silizium
2018, 194 Seiten, ISBN 978-3-8316-4737-8

Andreas Heider
Erweitern der Prozessgrenzen beim Laserstrahlschweißen von Kupfer mit Einschweißtiefen zwischen 1 mm und 10 mm
2018, 156 Seiten, ISBN 978-3-8316-4738-5

Marcel Schäfer
Energetische Beeinflussung von Schmelzefluss und Heißrissbildung beim Laserstrahlschweißen von Vergütungsstahl
2018, 146 Seiten, ISBN 978-3-8316-4742-2

Laser in der Materialbearbeitung

Forschungsberichte des IFSW (Institut für Strahlwerkzeuge)

Herausgegeben von
Prof. Dr. phil. nat. Thomas Graf, Universität Stuttgart
Forschungsberichte des IFSW ab 2019 erschienen im utzverlag, München

Tom Dietrich
Gitterwellenleiterstrukturen zur Strahlformung in Hochleistungsscheibenlasern
2019, 154 Seiten, ISBN 978-3-8316-4785-9

Martin Rumpel
Applications of Grating Waveguide Structures in Solid-State Lasers
2019, 112 Seiten, ISBN 978-3-8316-4801-6

Michael Eckerle
Generation and amplification of ultrashort pulsed high-power cylindrical vector beams
2019, 112 Seiten, ISBN 978-3-8316-4804-7

Martin Stubenvoll
Messung und Kompensation thermisch induzierter Wellenfrontdeformationen in optischen Elementen
2019, 118 Seiten, ISBN 978-3-8316-4819-1

Christian Hagenlocher
Die Kornstruktur und der Heißrisswiderstand von Laserstrahlschweißnähten in Aluminiumlegierungen
2020, 150 Seiten, ISBN 978-3-8316-4864-1

Florian Fetzer
Analyse der Geometrie und Stabilität der Kapillare beim Laserstrahltiefschweißen mittels reduzierter Modelle.
2020, 180 Seiten, ISBN 978-3-8316-4874-0

Michael Jarwitz
Laserstrahlschweißen von Metallen mit unterschiedlichen thermophysikalischen Eigenschaften.
2020, 154 Seiten, ISBN 978-3-8316-4882-5

Christian Röhrer
Flexible Führung hochbrillanter Laserstrahlen mit optischen Fasern
2020, 130 Seiten, ISBN 978-3-8316-4888-7

Martin Sommer
Laserstrahlschweißen der Aluminiumlegierung AlMgSi mittels Strahloszillation
2021, 110 Seiten, ISBN 978-3-8316-4898-6

Birgit Weichelt
Experimental Investigations on Power Scaling of High-Brightness cw Ytterbium-Doped Thin-Disk Lasers.
2021, 166 Seiten, ISBN 978-3-8316-4914-3

Sebastian Faas
Oberflächenfunktionalisierung von Stahl mit UKP-Lasern mit mehreren Hundert Watt mittlerer Laserleistung.
2021, 95 Seiten, ISBN 978-3-8316-4935-8

Daniel Weller
Erhöhung der Prozesssicherheit beim Remote-Laserstrahlfügen von Aluminiumwerkstoffen.
2021, 130 Seiten, ISBN 978-3-8316-4940-2

Sebastian Hecker
Verfahren zur Inline-Prozessüberwachung für das Schweißen von Glas mit Ultrakurzpulslasern
2022, 132 Seiten, ISBN 978-3-8316-4955-6

Frieder Beirow
Leistungsskalierung ultrakurz gepulster radial polarisierter Laserstrahlung.
2022, 150 Seiten, ISBN 978-3-8316-4970-9

Meiko Boley
Bestimmung und Regelung der Kapillar- und Nahttiefe beim Laserstrahlschweißen.
2022, 154 Seiten, ISBN 978-3-8316-4986-0

Christoph Röcker
Flexible Verstärkung und Frequenzkonversion ultrakurzer Laserpulse mit Ausgangsleistungen im kW-Bereich
2022, 182 Seiten, ISBN 978-3-8316-4987-7

Oliver Bocksrocker
Mechanismen der Entstehung von Schnittunregelmäßigkeiten beim Laserschneiden mit 1 µm Wellenlänge
2023, 128 Seiten, ISBN 978-3-8316-4999-0

Daniel Förster
Energieeinkopplung und Energieumwandlungsprozesse bei der Bearbeitung von Metallen mit ultrakurzen Laserpulsen
2023, 150 Seiten, ISBN 978-3-8316-5009-5